人人都能打造个人品牌

王一九◎著

北京时代华文书局

图书在版编目（CIP）数据

人人都能打造个人品牌 / 王一九著. -- 北京 : 北京时代华文书局, 2021.8
ISBN 978-7-5699-4246-0

Ⅰ. ①人… Ⅱ. ①王… Ⅲ. ①人物形象—设计 Ⅳ. ①B834.3

中国版本图书馆 CIP 数据核字（2021）第 136195 号

人人都能打造个人品牌

RENREN DOU NENG DAZAO GEREN PINPAI

著　　者 | 王一九

出 版 人 | 陈　涛
选题策划 | 启星桐
责任编辑 | 周连杰
封面设计 | 仙　境
责任印制 | 刘　银

出版发行 | 北京时代华文书局 http://www.bjsdsj.com.cn
北京市东城区安定门外大街136号皇城国际大厦A座8楼
邮编：100011　电话：010-64267955　64267677
印　　刷 | 三河市金泰源印务有限公司　电话：0316-3223899
（如发现印装质量问题，请与印刷厂联系调换）
开　　本 | 880mm×1230mm　1/32　印　　张 | 9.75　字　　数 | 210千字
版　　次 | 2021年8月第1版　印　　次 | 2021年8月第1次印刷
书　　号 | ISBN 978-7-5699-4246-0
定　　价 | 48.00元

大咖推荐语

王一九有一个重要理念，就是每个人都可以成为专家，他很用心地总结了一套个人品牌系统方法，他成了我《创意与创新》课程中的案例人物，很多创业者和经营者需要这套方法，我觉得他的理念还需要更加普及，我也请他给EMBA的学生讲。他经常讲自己的例子，我也是这样，真切而实在，表里如一，言行一致，如果认真看看这本书，一定能从中找到你想要的方法。

张耀辉—— 暨南大学创业学院院长、产业经济研究院产业经济学专业博士生导师

职场精英的困惑是，离开大平台，就没有人认识你。在王一九老师的指导下，慢慢走出这个困局，开始规划如何提升影响力，也从过去的几人小团队，慢慢发展壮大，在一九老师的建议下，成立了“简正企业大学”，现在已经为众多中小企业服务，这一步是个重大的突破。我特别想说的是，很多高管离职后去创业，首先就应该打造自己的个人品牌。

姜晓梅—— 华为前全球行政服务管理总裁、简正企业大学创始人

我记得有一句话是这么说的：每个人都有15分钟的成名时间。而我觉得，在如今这个时代，每个人都有必要建立个人品牌，找到自己的优势，放大自己的势能。王一九老师是打通个人品牌方法论的高手，他就像一个武林高手，把自己的心得和秘籍萃取出来，高度提纯并用简单易懂的方式交付给你。相信在他的帮助下，你也能打通自己个人品牌的任督二脉，让自己的品牌脱颖而出。

钟婉——老钟驾到品牌创始人、老钟驾到子翎医疗美容创始人

很多人对个人品牌的认知仅仅停留在表面，并没有深刻理解其内涵，不知道个人品牌的核心是什么。而一九老师的理解和见解够深刻、够专业！他抓住了个人品牌的核心，就是打磨知识体系。

在王一九老师的指导下，我重构了商业模式和知识体系，并开发了多米诺商业模式体系，现在多米诺商学院的知识体系正指导千千万万的创业者、企业家。

田泽湘——多米诺商学院董事长、多米诺商业模式体系创始人

当我找准个人定位，将自己的内在显性化之后，很快便实现了人生的飞跃，为我以后事业的发展也奠定了良好的基础。这一切都源于个人品牌定位，展示出了个人更大的价值，也让我收获了更多的信心。

王萍——红星美凯龙控股集团联席董事长助理、家居创富创始人

王一九坚持打磨写方案技能15年，正如我写文案也坚持了17年一样，就是不断地“格物”，对一件事情反复打磨，我也亲眼看到王一九自己用社群发售方案，一天时间收钱600多万元，相信这本书能带给你深刻的写方案技能指导。

李炳池——杀手文案训练导师、神笔文案创始人

王一九老师是实战型顾问，短短8个月时间，我就成功转型，收入突破百万。启动个人品牌后，我成立了“晓红国际演讲学院”，电台也邀请我当嘉宾主持……

感谢一九老师帮助我定位定心，找到了事业最大的杠杆。

成晓红——CEO国际演讲教练、BNI国际引荐组织执行董事

我39岁，一个普通宝妈，之前上班拿着万把块的薪水，看不到未来，怀疑自己的能力是不是就这么差，想要改变，但是不知从何改变……

而现在，短短一年多的时间，我从一个月薪万把块，经常要加班出差，还被老公抱怨不顾家庭的中年妇女，变成了月入30多万元，曾经突破一次群发售收款84万元的职业女性。

这一切，都是因为，遇见了王一九老师……

当我不知道自己能干吗，他帮我分析了，第一款产品，让我迈出了个人品牌的第一步；第一次发售，给我讲述产品发售的每一个细节。

当我纠结于干哪个更好时，是一九老师，帮我分析未来前景，哪个定位更适合我……

远远不止……

还有出书计划，还有产品线布局，还有2021年全年的影响力提升规划……

每一步都很清晰，王一九老师就像个指明灯，让我安心地朝着目标走。

更让人佩服的是王一九老师一直传递的价值观："诚意正心、格物致知"的理念，日复一日，这样做人做事……

超级小丽——朋友圈文案导师、马甲线健身达人

跟随王一九老师学习时，我23岁，年收入10万元不到。今年我24岁，月收入已经十几万元。短短一年时间，变化太大了。一九老师不光让我找到了方向，用自己的导演技能，帮助更多企业家拍出更有影响力的个人故事短片，也让我逐渐体验到了自己人生的风光景色。如果跟随一九老师学到30岁，我相信自己一定会成为一个在全世界都具有影响力的人！

卢不斯——不斯个人故事短片创始人、前央视纪录片执行导演

王一九老师是我的恩师，开启了我个人品牌从0到1，而且正在带我从1走到9的路上。当一九老师给我定位为"直播演讲教练"时，我才知道我新的人生事业可能出现了。在这个过程中我被老师"诚意正心、格物致知"的价值观所影响。我也开始聚焦地做好一件事，并且不断地打磨直到最好。这样正向的影响将是"一辈子"。期待着老师能用他的个人品牌打造的理念造福更

多的人。

阿龙——厦门电视台主持人《会说话是本能　说得好才是优势》作者

尽管26岁就已经年入千万，尽管4个月就可以营收2个亿，但遇到了温文尔雅的王一九老师，才是对我人生最大的“冲击”！今年，我的年度目标定为营收10个亿！因为一个人只要将思维打通，很多东西自然就通了。

一九老师除了帮我规划个人品牌体系，还指导我如何设计线下实体店，每次转折点，一九老师都能给我最好的建议。通过短短几个月的磨炼，就让我觉得比之前几年的收获都要大！

真心感恩一九老师，让我成为一个更加坚定的长期主义者。

雨思——黎蓓露股东、专注美业，深耕私域电商8年

2021年4月，我成为王一九老师的私教学员。老师做的第一件事情，就是帮我梳理了自己的定位，将我原计划的双定位砍掉了一个，让我聚焦做高价值的定位。一下子就把我从忙乱中解放了出来，工作时间少了，收入却比之前翻倍了。不到一个月，个人营收就超过了30万元，一九老师给我定了2021年营收300万元的目标，如果不出意外可能提前完成，我也实现了边旅游边赚钱，轻松开心赚钱的梦想。

老师“诚意正心、格物致知”的理念深深影响了我，使我更加专注服务好现有学员。因为“近悦远来”，现在招募学员更容易了。

孔蓓——孔蓓个人IP体系屋创始人、个人IP孵化导师

2019年开始跟王一九老师学习，第一次开启了我的个人品牌之路，明确了自己的定位，奠定了之后所有事业的根基。

2019年开始从线下实体经营转战线上，现在线上学员早已超过了10万人，合伙人遍及好几个国家和地区，投资人追着来投资…… 目前正按照一九老师说的节奏，启动线下连锁品牌。当初一九老师跟我所展望的事情，都在一件一件地实现！

韩露——澳大利亚韩露烘焙创始人、英国皇家PME认证蛋糕师

虽然做到了企业副总裁，但对5年、10年后的发展还是有些迷茫。跟随一九老师学习后，我静了下来，开始坚定地走好每一步，而不是“听时觉得好，听完操作时再走回老路”。

在清晰地定位了自己的个人品牌后，我开始赋能于更多的品牌、更多的创业者。在这个过程中，也越来越体现出了自己的价值。

跟随老师学习，不仅是在“术”的层面上获得了提升，更重要的是有了本质上的“道”的领悟。

老师“诚意正心、格物致知”的做事理念，不仅影响到了我，还影响到了我身边的人。

刘一诺——线上+线下招商变现导师

从抖音号有几十万粉丝却无法变现，到现在一个月变现22万元！在一九老师的帮助下，我彻底打通了变现路径。

跟着一九老师一路走来，觉得很踏实。一九老师身上体现的“诚意正心、格物致知”的理念，也在深深地影响我不断前行。用

心服务好客户，用心打磨自己的产品和服务！

感恩一九老师，我人生路上的贵人！

扶实哥——扶实百万短视频CEO

一九老师颠覆了我对个人品牌，以及互联网营销的理解和认知。

我用老师教的方法，在公司内部创造了“线上场景化”的营销方式。短短3个月，70间门店的销售额就实现了大幅提升。在全省每周竞赛中一直名列前茅，在广深东佛四大市场中一直保持第一！

梁喜喜——世界500强连锁实体店运营管理经理

我意识到了以前赚不到钱，不是因为能力问题，而是因为没有找到方法，没有找到最适合自己的定位，没有一套个人品牌运营的系统，所以才白白花费了大量的时间和精力，而收获却很有限。

现在，越来越多的人找我合作，有护肤品品牌、教育品牌、餐饮品牌等，还有很多优秀的人也成为我的学员，比如品牌方CEO、形象导师、万人团队长等。

在老师的指导下，我对未来不再恐惧了。老师在我人生最迷茫、最困顿时伸出了援手，我也将把老师这份真心传承下去！

林妍如——朋友圈财富文案导师

自序　个人品牌是人生杠杆，也是人生修行

个人品牌是人生最大的杠杆之一。

因为你的个人品牌可以终生累积，会把你的影响力放大100倍乃至10000倍。所以，打造个人品牌，收益也会得到极大的提升。我从2018年开始打造个人品牌，3年的时间，收益也提升了100倍以上。

我是如何开始打造个人品牌的？

第一阶段：开启个人品牌前：服务千亿企业，月薪没过1万元

回到2007年，那时我刚刚毕业不久就进入咨询行业，做企业品牌咨询，最初是从小文案做起，然后逐步进入品牌咨询的核心。

随后，开始为中国移动等几家世界500强公司咨询，比如你知道的动感地带、全球通，这都是千亿级的品牌。

为了深刻理解品牌的系统知识，我开始疯狂地学习和研究品牌与营销，比如迈克尔·波特的战略定位、特劳特的消费者心智定位、营销理论、品牌金字塔理论、广告与传播学等。

从2008年到2012年，我还做了很多品牌活动包装，比如周杰伦演唱会、张靓颖歌友会、丹尼尔斯魔术等数百场，以及一些名师如易中天、于丹等不下百人。但是，我的收入都没有超过每月1万元，尽管我做了很多事情，但是没有人知道我。

第二阶段：十年磨一剑：学习100种知识，收入也没突破2万元

2012年，我进入了顶尖的品牌咨询公司，进一步深化对品牌的理解，这时接触更多的是年度营业在1千万元到几亿元的企业。

为了做好咨询，我每次都是亲自到市场上观察消费者，当面与客户聊天，甚至帮助客户卖货，从理论到具体的某一个产品，是需要重新理解和灵活应用的。

同时，每年要读100本书，十年至少读过上千本书。写过的文案至少有几百万字。

你猜猜，那时我的收入有多少？月薪1万元左右，加上提成每月没超过2万元。虽然我的技能服务过很多客户，但是从本质上来说，我的技能只卖给了一个客户，那就是公司老板。这就意味着你的技能再好，如果你只有一个客户，你永远赚不到钱。

第三阶段：开启个人品牌：1年影响力，相当于过去1000年

一直到2017年，各大知识付费平台兴起，我就想，我为企业做品牌咨询，实践与理论体系足够扎实，为什么不能做自己的个人品牌呢？

于是，我就从知识付费领域开始做起，没想到短短一年时间，我的直播间人气就超过了1000万。从2017年到2019年，我坚持在社群分享，共520天，30多万字。

我就想，既然我能做，为什么不能教别人去做个人品牌呢？对我来说，从企业品牌到个人品牌，就是降了很多个维度，因为做企业品牌的深度和系统化，远远超过了个人品牌的很多倍。

如果有企业老板来咨询，我连他的个人品牌和企业品牌都可以一起服务了……这几乎是没人能这么做的。

2018年大年三十，我开始了第一期“一九个人品牌训练营”，没想到一个上午就招募满员，一个月训练下来，口碑爆棚，一年时间学员遍布好几个国家。

2019年4月召开了第一届个人品牌线下课，有4个国家的学员赶来，我的收入也大幅提升，但是我知道我应该进一步努力。

第四阶段：理论提升：收入提升100倍，获得各种合作机会

2020年7月，我的第一本书《从0到1打造个人品牌》出版，这本书一点一滴讲述了打造个人品牌的步骤，从高价定位到产品规划、从引流到自动成交、从普通发售到裂变式发售、从起初阶段到月入百万，都是辅导学员实操案例。

如果第一本是技能干货书，那么这本《人人都能打造个人品牌》是一本思维突破书。

2018年，我开始在社群中写“每日1问”，连续写了520天，《人人都能打造个人品牌》就是从人们最关注的众多问题中精选出

来的。

做了3年的个人品牌咨询，我深深地感到，听话照做，只是最低策略，要想事业有突破，就必须有深度思考和认知突破，所以就写了这本书。

2019年年初，我的“个人品牌金字塔理论体系”通过国家知识产权认证，这是一次质的飞跃，任何实践只有上升到可复制的理论，才能指导更多人，而不是仅仅靠感觉去指导人。

2019年，我受邀去暨南大学讲授个人品牌，并成为暨南大学创业学院导师，给EMBA学员分享个人品牌知识。这是个人品牌第一次正式进入大学。

2019年年底，我受邀与深圳电视台“独角兽”栏目达成战略合作协议。

2020年8月，我开始发布一九个人品牌私教，名额爆满，包括“有技能却收入不理想”的人、自由职业者、知识付费的讲师、连锁店主、电视台主持人，有年营业额2亿元的微商及年营业额10亿元的传统企业老板，还有千亿市值的上市公司总裁……

很多学员实现了从0开始到月入10万元，还有不少学员第一个月就突破了20万元的收益，甚至有做企业的学员提升了5800多万元的收入……

当然，我自己的收入，也比过去提高了100倍以上。

至此，我越来越感觉到，有太多的人非常迷茫，找不到自己的定位，或者有才能却发挥不出来，还有的传统企业老板重资产投资却收益率非常低……有时候看着他们我就感到非常可惜，甚至心痛不已，我就特别想要做点事情。

第五阶段：未来期望：成为一个点亮他人人生的人

你有过这种心痛的感觉吗？看到一些人迷茫，有价值发挥不出来…… 就非常想要帮助他们。

2020年年中，我的产品规划知识体系规划得到验证，其中包括《一九个人品牌定位金字塔体系》（图1）、《一九个人品牌轻创业飞轮体系》（图2），可以从0开始，完成百万级、千万级、亿级的个人品牌规划。

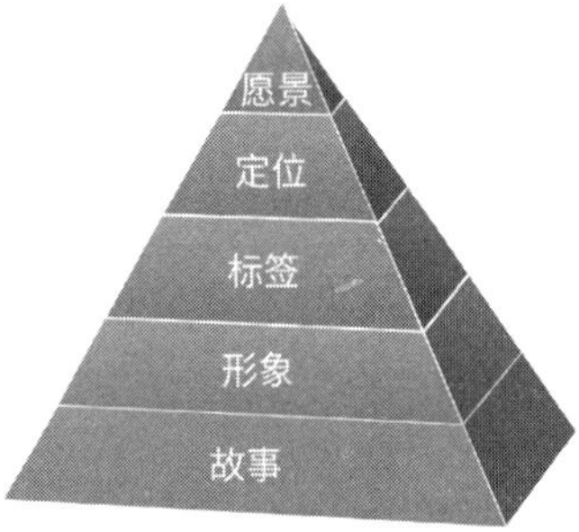

图1　一九个人品牌定位金字塔体系

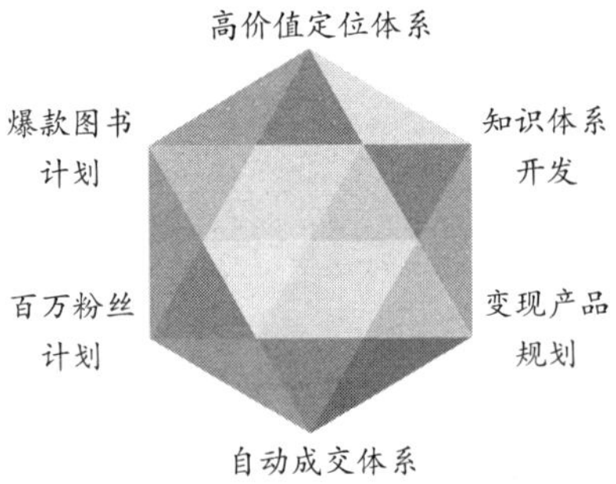

图2　一九个人品牌轻创业飞轮体系

2020年年底，裂变式发售方法经过多人测试，验证完成，形成了《裂变式发售体系》，一边发售产品一边增长粉丝，解决粉丝少的问题（可以关注公众号“王一九”查看有关案例）。

2020年，我决定研究四书《大学》《论语》《孟子》《中庸》，确立了“终生陪伴”“诚意正心”的理念，希望和创业者一起，一边修行一边创业。

2021年年初，我决定每年出一本书，构建“一九文库”，不断提升知识，并且辅导学员出书，不断地升级他们的知识体系。

2021年年中，我在深圳湾科技生态园建立“一九个人品牌基地”，希望成为一个点亮他人人生的地方！

我的经历讲完了，我想说说辅导很多人打造个人品牌后的感悟。

1. 高价值定位，才能实现高收入

没有对个人定位的深刻认知，就无法确定高价值定位。这需要你的深刻理解和对市场的敏感度，这样才能找到对你来说最高价值的定位，你的收益才是最高的。

2. 设定你的财富蓝图，才能创造财富

如果你不把你的“财富蓝图”设定到一个高度，你永远无法实现一个更高的目标，不管你学了多少知识，听了多少课程；你要敢于去梦想，同时要找到正确的道路。

3. 不走弯路，就是最快的路

很多人总想着走近道，走小路，结果发现小路上人满为患，而大道上却人烟稀少，一路畅通。所以，走正道，走大路，就是走最快的路。

4. 打造个人品牌，是一种人生修行

很多人以为打造个人品牌就是去包装自己，然后拼命地传播，其实根本就不是。你应该定义你自己，你决定要做一个什么样的人，然后坚持那种哲学，“诚意正心”去修炼自己，让自己成为那样的人。这个过程不是一两年，也不是三五年，而是一生的人生修行，一生都在格物致知。

你该如何读这本书？

1. 三天读完这本书

一本书如果你不读完，就是半途而废，所以要从头读到尾。三天读完，不要拖太久，否则你可能都忘记了前面的内容。

我读书的原则是，一本书不读完就不开始读另一本书，读一本书记录一个思维导图，用一页纸就知道整本书的核心内容。

2. 知行合一，边读边实践

读书是为了应用，尤其是读到案例的时候，看看别人是怎么做的，想想自己要怎么做，然后实际去应用。

“知”是知道，“行”是行动。

如果只是单纯地知道了方法，却不去实践，那么“知”与“行”就不能合一。

3. 和身边的人一起探讨

我的上一本书《从0到1打造个人品牌》，经常会有人推荐给周边的人读或在团队内部一起读，然后一起探讨，就感觉收益更大，因为思想越探讨越透彻。

4. 加入一个读书圈子

和很多人一起读一本书，尤其是有人领读，你会更加深刻地理解书的内容，尤其是一边在读书，一边在实现的一群人。这本书，我也会建立共读群，领读这本书。（加入共读，加公众号，回复“一九读书”）

最后，如果你走上更高的人生层次，你必须在思维认知上有所突破，对事物进行深度思考，放弃过去的旧有思维，接受全新的思考方式。祝福你！

感谢我的父母、我的爱人和孩子，感谢本书的策划人赵扬，感谢一直支持我的学员和朋友们！更感谢正在阅读这本书的你！

欢迎关注公众号“王一九”。回复“手册”，即可免费领取《个人品牌手册》，并可以查看更多关于“个人品牌”的实战知识，以及众多轻创业案例。

在读完这本书之后，你可以添加我的微信个人号，发送验证信息“人人都能打造个人品牌”，交流读书心得。

王一九微信公众号　　　　王一九微信个人号

实战篇

锦囊篇

课前部分　人人都能打造个人品牌

第一部分　发现优势

第二部分　开启定位

第三部分 进阶升级

第四部分　高手之路

第五部分　价值变现

个人品牌 人人都能打造

实战篇

案例1

演讲教练，从0开始到8个月收入100万元，她是如何做到的？

她是成晓红，6年前就想要成就自己的事业，一直没找到具体的方向。虽然参与的项目培训很多，但是具体怎么定位、怎么规划每一步，不是很清晰。所以，就一直拖着。

她会10多项技能，却没能开启属于自己的事业（一直是在国际引荐平台，还担任执行董事的职务），实在是太亏了，2020年6月底，她果断报了我的1对1私教，然后来到深圳。

我用了一整天时间，帮她规划了几件关键的事情。

2020年7月正式开始，11月她的收益超过40多万元，到2021年3月，超过了100万元。

在“一九共读群”，很多人见证了她走过的每一步。

你是不是想知道，是哪几件关键的事情呢？

1. 规划事业蓝图，确定精准定位

我们发现有很多人，听了很多课程，看了很多书，自我感觉收获很大，但是如果潜意识里都只是在学习，而没有规划“事业蓝图”，那么，无论学了什么、做了什么，都不会有任何结果。

但是，那些成就大事业的人，都早早地规划了自己的长期事业蓝图。

她会10多项技能，有管理、营销、人脉、系统盈利、企业文化、销售培训、演讲等。

哦，对了，还有英语，并且获得了ICC DISC国际认证及Action Coach国际商业行动教练认证（含金量非常高），还有NLP神经语言执行师。

那么，首先要规划一个“事业蓝图”，找到自己的定位。

那天，我和她边喝茶，边问她自己是怎么想的。

她说：“想要先砍掉一些，留下三件事情，分别是……”

我说：“不要留三件，只留下一件事情。”

她还是非常迟疑，因为担心，如果只选择一件事情，别的技能是不是都浪费了，而且万一那件事做不成功怎么办呢？

我跟她说：“用全部的力量集中于一点，才能实现爆发。”

最重要的事情只有一件，不是做更多事才能赚更多钱，而是把一件事情做透彻才能更赚钱。

等有了一定的成绩，再进行“事业蓝图”的第二步。比如，至少实现年赚1000万元，在这之前只做一件事情就够了。

那么，选择哪一件事情呢？

再来看看她的技能：管理、营销、人脉、系统盈利、企业文化、销售培训、演讲、英语……

首先，管理和企业文化直接砍掉。

中国的中小企业有几千万家，但大部分不愿意在管理和企业文化两件事上付费，他们更愿意为能直接带来业绩的技能付费，只有那些有一定规模的企业才愿意为做企业文化进行付费咨询。

我以前为中国移动等世界500强企业做品牌顾问14年，深入接触后才知道，他们不仅愿意花大量的钱做企业文化建设，还愿意花钱请优秀的管理顾问公司。

但是，他们只会把钱给最知名的咨询公司，作为个人创业者，很难撬动这样的大型企业。

所以，直接砍掉。

其次，营销和销售培训，是不是最佳选择呢？

营销和销售，这两项技能有非常大的市场需求，而且90%的中小企业都需要。

但是，我们做定位的时候，不是只看有没有市场需求，还要从“自我角度”来审视。

经过两个多小时的“自我角度”测试，我们发现那不是最佳选择，也果断放弃了！

很多人看到赚钱的事情就会扑过去，以为别人能做自己也能做，但是对自我角度分析不够，就会在错误的道路上拼命狂奔。

结果就是眼看着别人大把大把地赚钱，而自己却辛劳数年一无所获。（这样的例子，你身边是不是有很多？）

所以，分析后也不建议她选择营销和销售培训。

然后她说，她最擅长的是系统盈利。即帮助企业，用一整套盈利系统提升业绩。这是项综合技能，是很多中小企业都不具备的，市场非常大。

我说，不合适！原因是：

①中小企业对此事认知度太低，不要去做费力培育客户的事情；

②做起来难度比较大，需要有高能量团队一起完成；

③大型企业对此事有认知度，但他们会选择有知名度的机构。

所以，也放弃！

最后，剩下的是人脉关系、资源整合和演讲。

人脉和资源无法为长期发展累积无形资产，只能算是辅助的技能，不能作为核心定位，也果断放弃！

那该怎么办呢？

在她拥有的几项技能中，再进一步进行“自我角度”测试后，我说：“你可以选择演讲。”

她很意外，觉得自己的演讲能力还不够。

她还说：“我看到很多厉害的演讲老师，我还报了两个老师的课程。”

我就跟她分析，演讲也有不下10种类型，你的演讲和他们根本就不是一回事。

我对她说，你说的那两个老师我都认识。其中一个是做职场演讲培训的，培训的主要对象是员工、白领，主要内容是演讲技巧和沟通技巧，是帮助客户实现职场提升的。

还有一个是做销售演讲的，和你的演讲内容有很大区别，他们做得都很好，但是和你的风格完全不同。

又经过深入的探讨和挖掘，我给她总结了她的3个至关重要的优势：

第一，你在BNI国际组织（全球最大的商业引荐组织）担任董事很多年，每周都在做演讲，还多次受邀去国外演讲，很懂国际型的商务演讲，这是大部分的国内讲师不具备的条件。

第二，你过去的主要客户是企业老板、CEO、创业者，对象不同，你的风格和形象就是商务的、正统的，适合更有层次的商务人士。

第三，你曾经在全球大型的管理培训公司工作多年，单演讲项目经你手的都有200多个场次，客户还有不少是500强企业管理者……

我对她说："在这个方面，他们（就是那两个演讲老师）应该来报你的课程才对。"

分析完后，她立即精神大振。

她说：在这方面的演讲，自己确实有很大的优势（后来确实有别的演讲老师去报她的课程）。

那么，是不是就立即确定了呢？

不是的，定方向是人生的战略性抉择，岂能轻易而定，否则就不会有那么多人在错误的道路上拼命狂奔了。

我又和她做了两件重要的事情：

①正推，推演这个定位的未来收益和市场前景；

②反推，推演这个定位上她能否走上制高点。

正推和反推都没有问题，最终确定了演讲的方向。

但是，个人品牌定位仅找一个方向还远远不够。

接下来，要怎么用最少的代价来传播这个定位呢？

首先，要突出差异化。

怎么做呢？

需要增加前缀词。为了凸显和别的演讲老师的差异，增加一个重要的词——“CEO”，组成“CEO演讲老师”，一下子提升了档次。通过定位的差异化，可以把价格提升2倍至10倍。

而且，她周边的人脉和资源，这个时候就能派上用场了，通过这个定位，把自己的其他技能和资源整合起来，为她的定位加分。

其次，要提升价值感。

怎么做呢？

需要选择后缀词，“老师、导师、顾问、咨询师、教练……”选择不同的词，价值感就完全不同。

经过反复推敲，最后我们在十多个词中选择了“教练”，组成“CEO演讲教练”。

“教练”这个词，更加符合演讲的调性，能把她做演讲这件事的价值感体现出来。（注：不是所有的定位都适合CEO和教练，需要具体问题具体分析）

“CEO演讲教练”，简单明了，一句话把“目标群体、专业和价值”全部讲完。

向别人介绍的时候，无须第二句，定位语就是最有利于个人品牌传播的。（还有定位系统的其他4个部分配合）

打造个人品牌，是一个长期累积的“复利工程”，有利于传播的定位语，对未来的帮助是巨大无比的，所以一句话把目标群体、专业和价值全部讲完，对累积粉丝和塑造品牌至关重要。

而确定的事业愿景，就是“让中国的企业家，站在世界的舞台上”演讲！

2. 规划产品体系和成交体系

定位于CEO演讲教练，如何开始赚钱，就要开始做产品规划了。技能是无法实现大量变现的，只有把技能规划成产品，才能实现大量盈利。

我们不仅规划了一套盈利产品体系，还为每个产品进行了详细的内容包装。

①如何保证产品的内容逻辑；

②如何与客户保持互动；

③如何确保课程质量；

④如何进行线上与线下的结合，都一一详细地进行了论证……

然后，开始发售产品。

第一次，发售《演讲训练营》。

第一次发售时间持续了2周，最后招募到85个学员、一家金融公司演讲内训，还有几家机构渠道合作，第一次发售收入突破10万元。

后来，她对我说，那时心里想着只要招募到15个学员就够了。而且，在发售产品的第一天上午，她就开始紧张，内心充满了恐惧，不知道究竟有没有人购买，还给父母打电话说了自己的担忧，后来才知道她父母悄悄地购买了2单！

第二次，发售《演讲私教》，1天收款12万元，1个月营收超过40万元。

在《演讲训练营》闭营的时候，她以为按照常规的结营仪式闭营就结束了。

在结营仪式前，我和她在线下又做了一次规划，从前到后地复盘——《如何面对发售产品中的3个重要心理》，然后帮她策划了另一个1万元的《演讲私教》产品，在闭营仪式上发布。

记得当时，她又开始担心起来。

她说："1万元的产品会有人愿意埋单吗？"

我说："当然会有的，就看如何策划1万元产品的价值。"

结果1天收款12万元，又过了两周，收款20万元（嗯，后面她才跟我说，没敢太用力推，只用了30%的力度）。

随后，3个月就收入了40多万元。

然后，价格调整到12800元，8个月营收突破100万元。

第三次，发售《演讲企业内训》。

当影响力越来越大的时候，广州电视台主动邀请她去做节目，影响力一下子飙升，多家企业开始采购她的演讲内训课程，比如微商团队、上市公司培训部，她的每次课程收费5万元到20万元不等。

第四次，发售《演讲与创业收费社群》。

2021年，她的影响力越来越大，但是她一下子无法服务这么多人，怎么办呢？我说，发售一个收费社群。不到一个月的时间，就有400人加入，从而就有更多的机会和潜在客户深度接触。

经过不到一年的努力，就形成了一套闭环的产品体系（案图1），既有流量型产品，又有高价值利润产品，相互补充，相互借力。

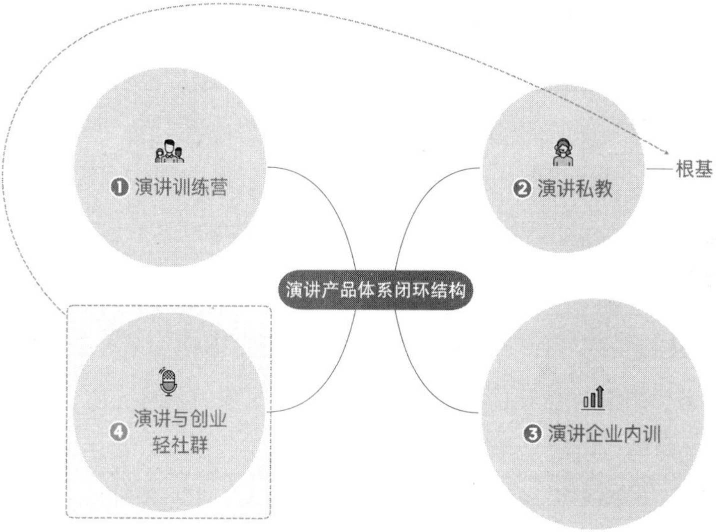

案图1　演讲产品体系闭环结构

3. 扩大“事业蓝图”100倍

一切都进展得非常顺利，半年后，我让她来深圳找我，进一步规划事业蓝图。

我说，现在是完成了从0到1，但也仅是刚刚开始，虽然按照这个节奏，实现年入百万没有问题，但是想要让自己的“事业蓝图”进一步扩大，就不能停步在以前的方法上。

我们如果要把自己的力量扩大100倍，就不要让自己的能力被限制住，成立一个机构——演讲学院，把自己的能力复制100份放出去。

成立演讲学院，不能是空喊口号，而是落实下去，和自己的资源条件相匹配，在传播上做好布局。

假如是你，你将如何给自己的公司取名字呢？

我说，直接用“晓红”两个字，将个人与机构合二为一，降低传播成本。

再加上她一直在国际组织工作，有30多个国家和地区的人脉资源，也曾受邀去过几个国家演讲，那么就要把这“国际”资源充分利用起来，名称定为“晓红国际演讲学院”。

正式成立“晓红国际演讲学院”后，在海外开设分院，先从她最熟悉的资源，美国、加拿大、新加坡、马来西亚，以及中国香港、中国台湾开始。完成这一步，年收入就远远不止百万元，而是数倍乃至数十倍的收益。

在打造个人品牌完成从0到1的过渡后，不是盯住赚钱目标，而是回到自己的愿景上来：“让中国的企业家，站在世界的舞台上”，把它做成一份属于自己的终生事业蓝图，按照自己的梦想去奋斗。

在聊天中，晓红说当初毫不犹豫地选择付款咨询，仅仅是想要确定自己的定位，没想到后面还有更多的指导……一步一个台阶地陪伴式向前推进。

有人在场听了她的故事后，问她说，开始打造个人品牌后自己感觉有什么变化吗？

她说，我有两个主要的变化。

第一，定位清晰了，资源会主动聚拢，我要做的就是挑选。

比如，广州交通广播电台邀请我去做一个主题系列，其实对方早在一两年前就认识我了，他觉得我还不错，但不知道怎样与我合作。

7月我发售产品，他就关注到我，很快就谈成了做一档电台商业经济节目的合作，一场节目下来反响很好，我就变成了常驻嘉宾，这是打造个人品牌，定位定心后带来的。

第二，学员定位更清晰，资源更优质。

我的定位是CEO演讲教练，我的演讲并非大众化的演讲技巧，而是商业化的演讲。来学习的学员主要是商务人士（企业创始人、管理层、销售管理者），帮他们在沙龙、招商成交、发布会等商务场景中进行有结果的演讲。

我自己也成为更好资源的连接者。高质量学员汇集在我的训练营，也能帮学员促成不少业务合作。比如，商协会与新加坡的融资合作，还有2位原来不认识的导演现在合作了多个品牌发布会等。

有人问她，为什么要找王一九咨询呢？

她说，我有3个重要的选择原因：

其一，看到王一九有10多年为500强企业做品牌咨询的经验，那么对个人品牌咨询就更没有问题了，而且翻了几年朋友圈，发现他一直在坚持做个人品牌。

其二，作为15年的资深培训人，我见过太多优秀的管理顾问和讲师了，自己对看产品、看老师，还是非常犀利和敏感的，我觉得王一九是真心为学员着想，会逼着学员去拿结果。

其三，看到华为前全球行政服务管理总裁、央视主持人也在这里做咨询，肯定没问题。

从打造个人品牌以来，她也发生了几个重大事件：

①已有不少企业家加入她的“晓红国际演讲学院”，包括2个商会协会会长、金融公司集团董事长、2位导演、500强企业的内训师等，她也开始为上市公司做内部的演讲培训；

②广州交通广播电台邀请她连做了几期《赢在新经济》节目；

③2家集团公司邀请她为公司做团队培训；

④近期还在对接华为这样的大企业为其做演讲指导……

案图2所示为晓红个人品牌金字塔。

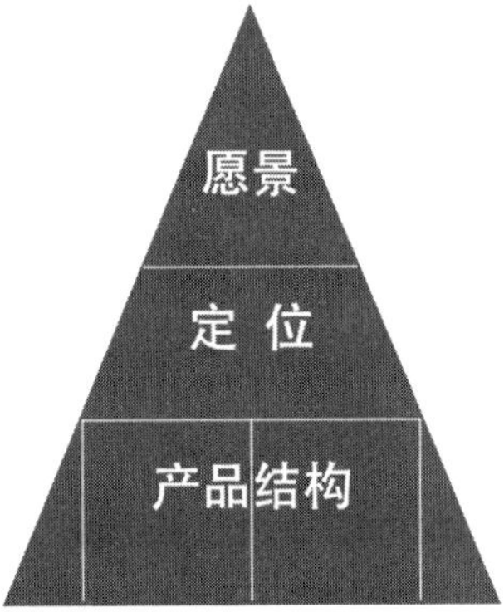

案图2　晓红个人品牌金字塔

小结：

打造个人品牌，是“长期主义”，是可以终生累积影响力的，不断提升累积自己的价值。

所以，这仅仅是刚刚开始……

最后，我想说，每个打造个人品牌的人，不要只想着赚钱这件事，还要有利他思维，要为这个社会做点什么事情，所以要有自己的愿景……

过去20年我们做了很多国际贸易，但是真正的国际融合才刚刚开始，中国的国家力量越来越强大，民族企业家会更多地走上国际舞台，他们需要在国际舞台上演讲。

作为CEO演讲教练、晓红国际演讲学院创始人，成晓红也树立了自己的愿景："让中国的企业家，站在世界的舞台上出色演讲。"

思考：

你想一想，假如你现在开始打造个人品牌：

1.你会如何不断地扩大自己的"事业蓝图"呢？

2.你的未来又是怎样的情景呢？

3.你的个人定位和个人品牌金字塔应该如何规划呢？

案例 2

23岁的摄像师打造个人品牌，靠一台相机月入20万元

卢不斯的爱好是拍摄短片，2020年，也就是他23岁时，靠一台单反相机，实现了月入20万元。

更重要的是，当很多人，甚至到了32岁还在迷茫时，23岁的他已经明确了事业方向……

当你读到这篇文章的最后，理解了其中的奥秘，你会发现，你也能打造价值百万、千万的个人品牌。

卢不斯在20岁的时候，就跟自己的合伙人开办了一家传媒公司，那时很忙，经常加班到凌晨一两点。

但是，基本上没怎么赚到钱，所以他觉得非常迷茫，不知道自己做的事情究竟是对还是不对，找不到方向……

2020年9月，他加入“一九个人品牌私董会”，飞来深圳找我1对1咨询，开始打造个人品牌。

第1个月实现了月入5万元，23岁，一个人，仅仅靠一台单反相机，3个月就奇迹般地实现了收入20万元，主动找他的客户已经排到了2个月之后，2021年开始公司化运作……

那么，我帮他做了哪些规划呢？

往下看…… 如果你深刻理解了这3个关键点，一定对你很有启发。

1. 重新定位：找到最有价值、最简单的事情

很多人，听了很多课程，看了很多书，但没有规划好自己的定位，越学越迷茫，越学越累……

幸运的是，卢不斯在他23岁的时候，就开始思考定位这个问题，开始规划自己的事业方向。

记得那天，他来深圳一九个人品牌私董会基地，一坐下来，我就感觉他很焦虑，我让他先喝喝茶，轻松地聊聊天。

我还对他说："人一紧张，智慧就封闭；放松，智慧才会开启。"

他的故事是这样子的……

他喜欢摄像，过去3年，他跟合伙人开传媒公司，都做了什么事情呢？

拍摄企业宣传短片、纪录片和大型活动短片，还曾经多次为哈雷摩托的活动拍摄，曾经去新疆无人区拍摄了整整2个月，还因此上了央视。

他对拍摄镜头的要求很高，使用的器材也是影视拍摄级别的器材，价值不菲。

但是，令他感到困扰的事情是，投资不少，接到的业务也很高大上，为什么一年下来，除了交房租，连十万元都剩不下呢？

看到这里，你来想一想，假如你是这家公司的老板，究竟是哪里出了问题？

过去十多年我为企业营销做咨询，遇到过很多这样的公司，它们的问题是：

①成本非常高，一单几十万元，利润才几万元；

②业务洽谈难度大，一单要谈1个月，大量的时间都耗在谈业务上；

③没有复购，大量时间都用来开发客户；

④更要命的是什么，你知道吗？竞争非常大，目前中国每个城市都有几百家拍摄企业短片的公司。

我就问他："还在继续经营这家公司吗？"

他说："已经不经营了，但是不知道该怎么办。"

我就给他分析了创业的两种路径。

第一种是传统创业路径。

筹钱—租场地—招聘人—找业务—赚钱或倒闭，一开始就投资巨大，面临管理、销售、产品开发等难题，能赚钱但风险巨大。

第二种是个人品牌轻创业。

定位—提升影响力—接业务—赚钱—租场地—招人—赚更多钱—累积更大的影响力。

投资很少，甚至零成本，直接开始赚钱，然后扩大规模，基本无风险，轻松过渡。

他当即就决定选择第二种路径。

我说：既然决定了，首先就要找到自己的高价值定位，清晰地知道自己应该做什么。

这里不得不提，很多人在找定位的时候，最容易犯的错误就是一门心思找风口。

其实，首先应该是向内求，找自身的优势。不能发挥自己的优势，就算掉进风口里，也是白白浪费时间。

第一步：要找到自身优势。

①擅长拍摄短片，还擅长剪辑编排；

②自己能写文章，文笔也不错；

③还做过人物采访，有拍摄纪录片的经验；

④热爱，非常热爱拍摄，想要开着牧马人到处旅行拍摄。

第二步：分析市场空间。

我就问他，有哪几个选择？

他说有3个选择：拍摄企业宣传短片、大型活动短片和纪录片，究竟该如何选择呢？

我说："拍摄企业宣传短片，这个直接放弃。"

因为拍摄企业宣传短片，需要的工具非常多，你一个人完成，难度比较大。你知道吗？你做出一个企业宣传短片，客户全公司的人都会提修改意见，一个月都无法定稿，时间成本太高。

那么，拍摄活动现场呢？

我说："这个也直接放弃。"

因为活动拍摄，短期可以赚钱，但既不利于传播自己的品牌，也不利于长期发展。

这样就剩下拍摄名人纪录片了，我说："这个暂时也不选择。"

不是因为不好，而是因为其业务量太少，而且比较难以洽谈。

你想啊，名人本来就少，只是普通人的千分之一，甚至是万分之一，而且他身边有很多资源，凭什么你就那么容易洽谈成功呢？

谈到这里，他就坐不住了。我的天啊，自己想到的都不选择，那怎么办呢？

我说了一个，他立即惊呼起来。

个人故事短片。

这个是很多普通人都想要拍摄的，尤其是那些打造个人品牌的人、做微商的人、开连锁店的人……

市场空间大得不得了。

而且几乎没有竞争对手，因为那些能拍摄短片的人，都去拍摄企业宣传短片了，个人故事短片就是一个巨大的蓝海市场，没有竞争对手，就像进入无人区一样……

我就问他："你觉得是拍摄个人简单，还是拍摄企业简单？"

当然，拍摄个人更简单，他一个人决策，不会让你反复地修改，很快就定稿了，时间成本很低。

可是，如果你拍企业宣传短片就不一样了，企业中很多人，甚至毫不相干的人都会提出修改意见，把你累个半死，虽然看似赚到几十万元，但是时间成本高得吓人（我做品牌咨询已有16年，深有感触，连世界500强都是如此）。

那么，我们为什么要选择简单的事情？

简单的事情，做起来轻松，而且能快速赚钱。

卢不斯虽然年龄小，但逻辑思维能力很好，听完我的分析后，立即就兴奋地跳起来了。

“天啊，以前从来没有想过拍摄个人短片，只是盯住企业短片，没有想到居然有这么大的市场。”

通过自身优势+市场空间分析，最终定下了拍摄个人故事片。

现在，我们再回头看一下这个定位的优势：

①市场巨大，至少是企业短片的100倍；

②竞争力小，做这件事的人特别少；

③服务简单，客户一人决策，耗时少；

④成交迅速，性价比高，客户付款快。

那么，做完定位，要做什么分析呢？要做核心客户分析，才能真正知道自己的客户在哪里。

然后，我又帮他分析了十大类刚需客户，他信心十足。

找到定位的方向，是不是定位的事情就完成了呢？

还远远没有……

定位，只有找到合适的词来表达，才能100倍地放大传播效果。

个人纪录片、个人故事片、个人故事短片……

这几个词，如何选择更合适呢？

（1）不同的词语，传播效果相差十万八千里

首先，个人纪录片，不选择。

你想想看，你喜欢看纪录片还是看好莱坞大片？

显然是好莱坞大片。

好莱坞故事片能卖几十亿票房，而纪录片连几千万元都卖

不到，甚至在电视上播放，看的人都很少。这个差距就万分巨大了。

所以选择“个人故事短片”，6个字。

在需要押韵的时候，也可以用“个人故事片”，5个字。

（2）不同的后缀，价值感完全不同

是“导师”“老师”“顾问”还是“摄像师”呢？

都不是，最终选择的是“导演”。

导演，给你的感觉是什么？

有专业、有艺术、有深度。

所以，最终定位是**个人故事短片导演**。

朗朗上口、表达清晰、价值感十足。

2. 重新改名：让名字成为最重要的资产

很多人，对名字不重视，不懂得名字才是品牌的第一资产，甚至从来没想过，自己的名字就是品牌名，更没有想过要累积自己的这个品牌资产。

他的网名叫“贝泡”，名字叫卢泽众。

贝泡，一听就没有记忆点，而且无法传递出一个导演的感觉。

好名字，一定要好记、好写、好寓意。

比如，我的本名叫“王曦”，后来，我就改成了“王一九”，数字非常好记，“一九”两个字，只有三画，小学一年级水平就能写。

可是，“曦”字很多人不认识，甚至很多大学生还不太会写，流失量就非常大。

好寓意：一九，任何事物发展的规律，从0到1，再从一到九，就像打造个人品牌，你要先找到那个“一”，就是定位，然后慢慢地完成从一到九的过程。

显然，贝泡这个名字太普通，而且没有任何寓意。

那怎么办呢？

就从他原有的记忆点中挖掘，记忆点中有什么呢？贝泡、卢泽众。

就留下了他姓“卢”。

然后，想了几十个名字，想了整整一个下午。

最后想到了“卢布斯”。借乔布斯的影响力，但是又总觉得不合适。就把“布”改成了“不”，一字之差，意味悠长。

我还帮他想了一句广告语：

“只有不斯文，才有好创意”。

3. 产品布局：有逻辑，有节奏，一开始就赚钱

很多人说，哇，我想到了一个好定位，我发现了一个空白市场，就觉得发现了新大陆，就觉得可以哗哗地赚钱了。

其实，你能发现的市场，那些高能量的人早早都发觉了，只是他们没有去做，或者暂时还不愿意做。

你有了定位，仅仅是基础，只有系统地规划，才能一步一步地实现你的梦想。

那么，卢不斯的系统规划是什么呢？

第一步，策划1对1服务产品。

第一个产品，个人故事短片拍摄产品。

前10名仅收取4980元，是超性价比产品。

为什么我们打造个人品牌，要先策划超性价比产品呢？

因为在最开始的时候，你没有任何成功案例，你的潜在客户无法对你形成信赖，这个4980元的产品一下子就被抢购11个名额，实现了月入5万元。

去年某天，他给我打电话报喜说：真没想到，在23岁的时候，就能实现月入5万元，恰逢他母亲生日，算是为她送上一份最好的生日礼物。

看到他这么年轻，就有这么好的成绩，我也特别欣慰，但是，我还是告诉他，立即停止收钱，先好好地服务客户，只要把前11位客户服务好，接下来会有更多客户主动找上门，这叫“近悦远来”。

诚意正心，服务过硬，永远是打造个人品牌最关键的事情。

哦，顺便说一下，我的第一个视频号短片，就是他拍摄的。5分钟的长视频，居然有10万人观看。

扫码关注视频号“个人品牌王一九”，即可观看王一九的视频号短片

第二个月集中服务客户，就没有让他继续发售。第三个月涨

价到9800元，收获20多个客户。

不到3个月，收入就突破20万元。2021年年中，已经涨价到15800元，一次发售产品，就收入20万元。

年营2亿元的微商大咖，也找到他拍摄短片，而且一次购买了10个名额。

电商美妆第一名老钟驾到，也请他拍摄。

商学院院长也请他拍摄。

第二步，建立收费社群，构建深度流量池。

一切进展顺利，是不是就可以高枕无忧了？当然不是，打造个人品牌就要不断地扩大自己的影响力，让更多的人了解自己。

2021年3月，我让他启动了收费社群产品。刚刚发布收费社群，一周收入4万元。那么，社群产品是不是仅靠招募就可以了呢？

很多社群之所以变成死群，就是因为没有策划好内容，而具有个人品牌特质的社群，和普通社群完全不同，我帮他策划了4个内容：

①不仅能吸引想要拍摄个人故事片的；

②还能吸引创业者、打造个人品牌的；

③想要做视频号的、做抖音快手的；

④还有想要提升知名度的实体店老板、CEO……

社群，不仅仅是用来赚钱的，也不仅仅是累积流量的，而是进一步深化个人品牌，让他的影响力扩大100倍。

第三步，构建未来事业版图。

2021年，卢不斯问："今年要给多少个客户拍摄？"

我说："最多100人！"

他说："为什么不能拍摄更多人呢？"

因为在完成从0到1后，个人品牌策略要不断地调整，要改变产品结构，才能把自己的事业放大，所以要开始构建新的产品体系。

你打造个人品牌，不仅是自己赚钱，更重要的是去帮助更多有技能的人和创业者提升影响力，让他们的事业更容易。

于是，帮助他构建了一个独特的栏目"卢不斯专访"。

通过栏目的形式，教育更多的人，讲好自己的故事，用最低的成本，把优质的产品带给需要它的人。

案图3所示为卢不斯个人品牌规划导图。

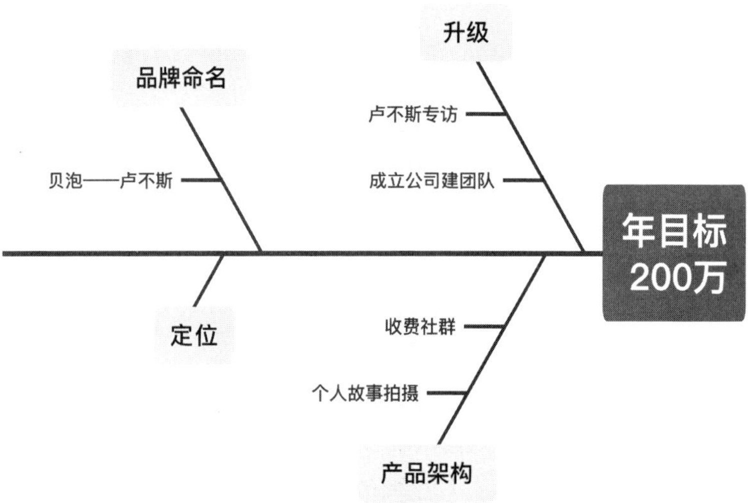

案图3　卢不斯个人品牌规划导图

总结一下，卢不斯打造个人品牌的几个要点如下：

其一，找到了自己的定位，不再迷茫。

其二，找到了自己的愿景，觉得特别有意义。

其三，构建了产品体系，并不断地调整。

写在最后

最后，卢不斯，在23岁就开始寻找自己的事业方向，他会不断地寻找自己想要的，他也会一直坚持一九个人品牌私董会“诚意正心、格物致知”两大信条，去服务客户，几乎每个客户都愿意给他介绍新的客户。

从打造个人品牌以来，他身上发生了几件重大的事情：

①有年度营业数亿的人，如投资人、基金管理人开始找他拍摄；

②他开始全国各地旅游式拍摄短片；

③23岁这一年，他结婚了，他爱人和父母都非常支持他；

④他成立了个人故事拍摄公司，招募了1个助理，有了一个微型团队。

但这仅仅是刚刚开始，他走上个人品牌道路才不到一年时间，未来可期。

思考：

现在你想一想，假如你也打造个人品牌，如何找到自己清晰的高价值定位和系统，不断突破自己，你的未来该是怎样的情景？

案例3

26岁的微商团队长年销售2亿元，布局自己的个人品牌，28岁的她想要冲破年销售10个亿

她是雨思，一个微商团队队长，26岁，她带领团队完成了2个亿的销售额，准确地说，是用了4个月就完成了2个亿的销售额，其他时间都在做服务……

她是个追求不断前进的女孩，希望系统化升级自己的个人品牌，挑战2021年销售10个亿的目标，在我发售第二期“一九个人品牌私董会”时，不到30秒，她就付完款了……

报名之前，她还悄悄问我的助理乔乔：“我已经销售2亿元，团队几千人，王一九老师会怎么帮我规划呢？”

乔乔说：“一九老师做过十多年的企业品牌规划，以往服务过千亿规模的品牌，企业咨询收费是每年300万元，会从战略高度上为你系统规划……”她就毫不犹豫地来了……

仅仅2个多月，她就几十倍地赚回了咨询费，而且吸引了300多位年入百万的同行给她付费……她决定将今年的年度目标定为10个亿（你没看错，就是10亿元）。

哦，她还悄悄告诉我，她最大的收获，是通过几个月的磨炼，提升了做事业的格局……

那么，她都有哪些改变呢？我来跟你分享其中的6个点。

当你逐字逐句读完她的个人品牌升级全过程，你将会重新理解微商的个人品牌。

1. 用整体战略思维，布局自己的长久事业

做到2个亿，已经度过了中级阶段，需要从更高的维度去布局未来的事业。

产品如何布局、团队如何复制、线上和线下如何结合起来？……应该有一个更全面的布局。

我以前在做企业品牌咨询的时候，就会提前从战略上进行思考，去布局未来几年要做的事情。

而打造个人品牌，同样要用整体战略思维去思考。

我对她说，你需要有两个重要的转变。

第一，把带团队做销售，转变为总结自己的知识体系，用体系去复制团队。

关于这点，你可能知道世界500强公司的做法，就是深刻地研究知识体系，才能把业绩做到如此之大。

第二，把传授技能，转变为技能+理念，才能不断凝聚团队的战斗力。

物质利益的收获可以激发团队，但更大的激励是深入人心的理念，去解决一个社会问题，带领更多人实现人生价值。

2. 定位升级，站在更高纬度

她原来是千人微商团队队长，年销售2亿元，还成为品牌方的股东，她打造了一个非常棒的特质——真诚，不仅真诚，而且对她的团队伙伴特别付出，连组织活动都订上海和平饭店，经常出钱让团队的伙伴去学习。

这个特质非常棒，但是只有定位升级，才能站在更高的维度做大事业。

因为……

第一，吸引更加优秀的人才。

过去招募的代理，大都是赚钱能力不如她的人，那么如果要让她的事业更大，就需要吸引层次更高的人，比如身份10个亿的老板、大学教授、投资人……这样才能给团队带来新的思想理念。

第二，获得更高的势能。

未来竞争越来越激烈，只有更高的势能，才能在同行的竞争中越走越高，甚至吸引同行中的优秀人才。

那么，如何升级定位呢？

首先，要挖掘自身优势。

①从上大学就开始做生意，开淘宝、做电商、做微商，积累了很多年的轻资产创业经验；

②做了微商7年，都是投资很少的创业方式，所有的人员都是代理商团队，所以团队管理也很轻松，这是令很多传统企业老板最羡慕的事情。

很多做互联网平台和做生产的，动不动就投资几百万元、几千万元，压力大，风险高，其实很多传统老板很羡慕轻资产的做法。

再经过一些其他的分析和选项的排除，一个最适合她的定位，就呼之欲出了：

轻创业导师。

就是不用太多投资，也无须招募大团队，就能轻松创业。

她说，这个词听说过很多次了啊！

你是不是也有这个疑问？当你在定位的时候，觉得很多人在提的想法，自己就不能做了，其实这是很多人在讲定位的时候的一个巨大的误区。

总想搞出一个全世界都没有的东西，号称自己是首创、发明者、第一人……

你想一想，作为个人，力量是很弱小的，全新的概念需要多久才能被传播出去？

其实，这也是看了很多专业书的误导，以为任何人都能做一个定位，占领客户心智。书上写的方法，是需要有一定条件的。

我在做企业品牌咨询的时候，会建议大型企业去做首创、发明者，那是因为大企业有的是钱啊，一年投资几千万元做广告，把一个概念推广开来，收益会更大。而对于小企业或个人，从已有的概念切入，是最容易的。

因为可以直接把这个概念拿过来，变成自己的，就是顺势而为。整个社会都已经替你宣传好了，就像放了一堆黄金在那里，却没有人看见，你直接拿来多省事啊！

你打造个人品牌，就要用零成本，就需要去寻找那种**被大众熟知，却没有被人占领的概念**。

“轻创业”就被很多人熟知，但是没有一个权威的轻创业专家。

想一想，你身边是不是有很多创业导师、营销专家、品牌专家、投资人、微信营销导师、社群导师，但是没有一个拿得出手的“轻创业导师”？（这里提醒一下，这样的概念，有千百个，只是你没看到。）

轻创业导师和微商团队队长相比，会带来四大好处：

①获得更高的社会认可；

②会吸引更高层次的人；

③构建一套不断迭代的体系；

④会吸引大学等高势能组织合作。

所以，经过整整一上午对她本人优势的挖掘和对市场状况的分析，定下了“轻创业导师”。

那么究竟又如何轻创业呢？接着往下看……

3. 做高势能的个人品牌，破圈和出圈扩大团队

升级定位后，是不是就开始招募人进行1对1学员培养了呢？

当然不是。善谋者谋势，不善谋者谋子。

所以，第一步就是做一件提升自己势能的事情，把“轻创业”这个理念给打出去。把几大传播渠道一起运用起来，把内容传播做足。

第一，邀请一九个人品牌私董会的个人故事短片导演卢不斯，飞去上海精心帮她录制了第一个轻创业短视频，不到1个月就突破了10万+的阅读量，开始有更多从没想过做微商的圈外人开始关注她，连过去多年不联系的人也开始主动联系她。

第二，每周录制几条视频，讲述轻创业的基本知识，把自己轻创业的干货无偿地奉献出来。

第三，2021年的大年初一，她做了整整6个小时的视频号直播，热度超过10万，很多粉丝在直播中受益匪浅，开始不断地进行口碑传播。

通过几件事把势能提高到一个制高点。

4. 打磨知识产品，一个月招募500个付费铁粉

那么，下一步呢，你是不是觉得要大力招募代理商了？

其实，依然不是招募代理，而是打磨知识产品。

我们来看看其中两个知识产品：

第一个产品是付费“轻创业社群”。

付费社群，不是你看到的很多人脉链接的群，要做好深度的付费社群，就必须知道能提供哪些服务。

398元的轻社群，不到1周时间，招募了300人，一个月招募500人，连很多其他品牌年入百万的微商团队队长，都加入了她的社群。

这样又加深了和潜在客户的关系。

第二个产品是轻创业私教。

详细策划一个高价值的1对1知识产品，标价19800元，一个月时间不到就收入40多万元，第二个月再做一次发售，收入增加一倍，不过这不是重点，重点是……

通过这种方式，又增加了不少代理商，而且有一部分年度营业千万元的微商团队队长也加入了她的团队。

2021年完成200万元的利润即可，主要目的是通过知识产品，为自己的团队发展积蓄势能。

5. 传播一套理念，让团队更有凝聚力

你的事业想要走得更远，就需要有更高的理念和格局，当团队越来越强大的时候，就不再是做一个生意赚钱，而是为社会奉献一份力量，去解决一个社会问题。

帮助更多的普通的、没有那么多资金投入的人，尤其是她团队中90%都是女人，渴望通过“低成本、轻创业”改变自己的状况、实现自由与美好人生。

那么如何做呢？

树立“诚意正心”的价值观，不急不躁，用自己的诚意去服务更多的人，长期坚持，做终生有累积的事情。

6.10 倍加速成长，挑战 2021 年营收 10 亿元目标

哇，营收10亿元，是不是目标定得有点高？

目标高不高，要看有什么样的基础条件，以及如何制订切实可行的计划。

她有过去的数万粉丝群体、轻创业7年的经验累积，以及100多家线下实体店基础，是爆发的时候了（看到这里，要提醒你，如果你还在初级阶段，一定要用心累积，不贪多、不求快，就不会走弯路）。

第一个策略是团队化运作，实现线上业绩10倍裂变。

裂变的前提是体系化，把轻创业的方法、理念、步骤形成自己的系统，不断裂变成新的团队。

过去，她一个人做，带的团队是微商团队，2021年她还打算把自己的体系复制给几十个核心团队，让自己线上的业绩扩大10倍以上，这一点雨思的格局很大，过完年就开始着手布局，紧锣密鼓，一日都不休息，而且还不断带团队去学习。

第二个策略是1000家线下实体店，10倍扩大线下经营。

微商能不能开线下实体店呢？

当然可以，不过是以一种低风险、轻创业的方式开设，简称“轻实体”，目前她已经开设了100多家轻实体店，预计3年经营1000家。

案图4所示为“轻实体”运营体系思维导图。

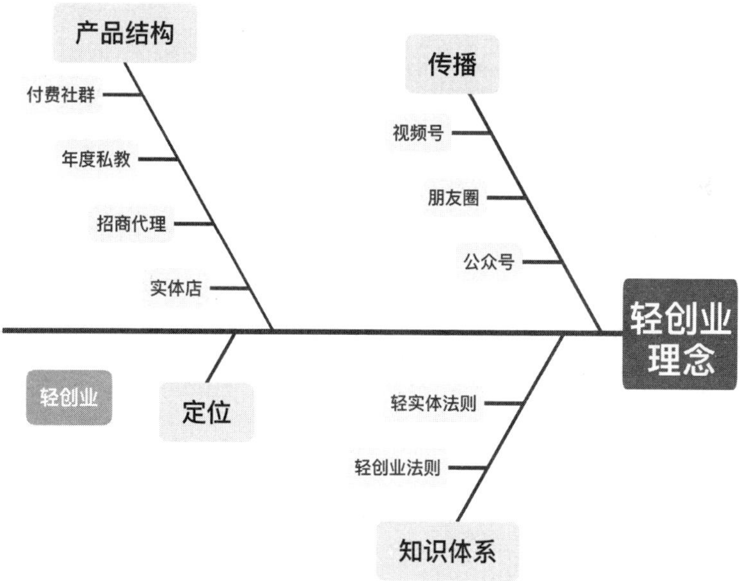

案图4 “轻实体”运营体系思维导图

对于实体店如何重新设计，我跟她梳理形成了一套“轻实体”

运营体系，让店铺自己会卖货，让更多的不懂开店的代理商也能开店赚钱，就能实现裂变。

轻创业是一种低风险操作的创业途径，轻创业=轻投资+轻团队+轻管理+轻实体=低风险。它是人人可做的创业，让更多普通人绽放光芒。

小结：

这是一个不断涌现奇迹的年代。打造个人品牌的同时，她重新升级了自己的体系，站在更高的高度，她想带领更多的人，“轻投资、轻创业”，实现美好生活。

26岁的她完成了2亿元的业绩，28岁的她要突破10亿元，不管她最后有没有完成，她都在用自己的“努力”和“诚意”，在大好青春，让自己一步一步走向更高峰……也会让更多的普通人绽放光芒！

思考：

1.理念、知识体系才是打造个人品牌的核心，这点很多人都没有理解，甚至根本就不知道。那么，你的理念是什么？你该如何构建自己的知识体系呢？

2.在你26岁的时候，你的事业是什么，现在的你多大，你将如何制定未来2年的目标呢？

案例4

茶馆女老板打造个人品牌6个月，千亿级企业主动找她合作，她的故事里藏着不为人知的赚钱秘密

实体店老板，能打造个人品牌吗？当然能！

她是容亦，“月庐觉茶”茶馆的老板，创办茶馆已有十多年，还曾经荣获“中国台湾国际茶艺金奖”，过去几年一直想要把生意向外地扩展都没有实现。

2020年10月，她听朋友说了一九个人品牌系统的做法，1个小时内就果断加入了“一九个人品牌私董会”，然后我用一整天时间，帮她进行梳理规划……

打造个人品牌8个月，线下生意轻松做到线上，客户扩展到全国十几个省份。

那么，她打造个人品牌都有哪些收获呢？

到2021年2月，她仅线上知识课程就实现净收入40万元，2021年8月课程收入破百万元，累积的潜在客户，比过去5年的累积还要多，她忙得连过年都没有时间休息。

还有3个价值巨大的合作：

①一家大型私人银行（私人银行客户最低也要600万元

存款）；

②一个深圳豪宅楼盘（这个豪宅单套价值在5000万元以上），这意味着和上千名高净值客户建立了深度链接；

③一家大型微商品牌邀请她开线下课程。

其实，这些都不是最主要的收入，她的收入在卖茶，这就是实体店老板打造个人品牌。

当你读完她的整个个人品牌打造过程，你会惊奇地发现，你也可以打造价值千万的个人品牌。

那么，在打造个人品牌方面，她做了哪几件关键的事情呢？

2020年10月的一天，她把生意交给店员，来到一九个人品牌私董会基地，我们边喝茶边规划她的“事业蓝图”。

首先，我要知道她的优势。

我惊喜地发现，她身上有两个巨大的价值，却很多年没有得到发挥。她和我聊了几件事情，让我发现了她身上潜藏的巨大价值。

第一件事情是她曾是平安保险的第一批员工，20年前接触的都是身价千万的人。所以，她非常清晰地知道如何清除财富卡点，当然她自己也早早实现了财富自由。

第二件事情是她在16年前得了癌症，医院下过3次病危通知书，但是后来她经过喝茶和中医调理完全康复，而且她现在已经50岁，看起来像一个30多岁的人，精力十足。

在调理癌症期间，她学习了中医、五行能量学、茶道、冥想与静修。如果说，谁能理解如何提升身体能量，那么一个把癌症调理好的人，是最有发言权的。十多年时间，她帮助很多客户，调配不同的茶去调理身体，帮助他们获得健康。

这两点是她身上价值巨大的闪光点，只是过去仅仅靠售茶来盈利，没有想到如何把自己的优势发挥出来。

打造个人品牌的第一步，就是找到高价值定位。

我问她："以前是怎么销售的？"

她说："主要得靠老客户转介绍客户。"

我又问她："帮别人用茶调理身体，以及帮别人发现身上的财富卡点，有没有收费呢？"

她说："都没有收费，只是通过卖茶来赚钱。"

我问她："喝茶的人多吗？"

她说："喝茶的人很多呀！"

我说："喝茶的人一点都不多，大部分人在理解市场的时候存在一种误区，以为看到有需求的人很多，就是市场空间很大。其实这是一种错觉，因为自己接触的都是与自己行业相关的人，自然觉得喝茶的人特别多。"

喝茶的人主要集中在广东、广西、云南、福建、成都几个地方，一般年龄在30岁以上，30岁以下的年轻人都喝奶茶去了。

而且，能够买得起几千元钱一饼的茶的人就更少了。在全中国乃至全世界，究竟有多少能够买得起你产品的人？想把自己的生意做大，你就要去测算你的潜在客户市场。

所以，做定位的时候，要考虑消费群体，从根本着手，重新定位。

如何重新定位呢？

经过整整一天时间的深度挖掘，我在她身上看到了三个词：

第一个是财富，她能够帮助别人觉察财富卡点。

第二个是能量，她能帮助别人调理身体，提升其身体能量。

第三个是茶道，能够学会喝茶，用茶修身养性更健康。

这是她身上三个重要的宝藏。

我就开始帮她重新调整定位，从过去的“茶馆老板”，调整为**“财富能量茶道师”**。

你是不是很惊讶？连她自己都万万没想到！

好了，让我们来看一看调整后有什么变化。

（1）潜在客户量提升了100倍。

过去的潜在客户，是喜欢喝茶的人。

现在的潜在客户，是想要赚钱的人+想要提升能量的人+想要学习茶道的人，合三为一。

如果中国有500万人想要喝茶，那么想要赚钱的至少有5亿人。

潜在客户比例至少提升了100倍，如果为未来开设连锁店奠定基础，潜在客户量就更多了。

（2）客户购买时间延长了10倍。

喝茶不是“大量的刚需”，而“赚取财富和提升能量”是大量的刚需，不仅是大量的，而且是长久的。

如果买茶的客户生命周期是一年，那么财富能量至少是三年五年，甚至是十年八年都会持续地需要，客户购买时长提升了3

倍甚至10倍（这里要提醒读者的是，当你分析客户需求的时候，要深刻理解刚需和非刚需、大量和小量的概念）。

（3）为客户提供年度茶单。

过去，为客户提供茶叶，是客户有需求才提供，但是调整了定位后，我让她为客户提供“年度茶单”。

什么是年度茶单？

年度茶单就是根据客户身体状况，为他提供一整年的喝茶解决方案，提升其财富能量和身体能量。

过去，你可能去购买一饼5000元的茶，现在，一整年的茶单，可能包含了5万元的茶，另附2万元的培训课程与咨询。

所以，定位不是简单地找一个风口，更不是标榜自己是某某第一人，而是要深刻地理解你的客户，并且对市场有充分的敏感度，然后把你的优势充分挖掘出来，再通过重新组合，引爆你个人的价值。

第一步，重新定位，是引爆个人品牌的基础。

第二步，要做什么呢？就是调整产品结构！

你是不是在想，就马上推出产品、推出课程招生啊？

很多人之所以这么做，是因为对个人品牌系统化打法，还没有充分理解。

品牌要通过产品表现出来，就要提前做好产品的规划布局，而不是马上去卖产品。

如何表现出来呢？就是要聚焦一款产品，销量足够大，让产品去帮助自己传播品牌。

那天，她邀请我去她的茶室，我一看，茶的品种很多，茶杯茶壶也很多，各种紫砂壶、铁壶、瓷壶…… 价格不菲。

但是，必须找到一款能承载品牌传播的产品，我翻看了所有的产品，最后发现一个茶杯，这是一个秘密宝贝（其实这个秘密，就在她的茶桌上，也许你家也有一个秘密宝贝就在你眼前，只是你没发现）。

那是一个在她的茶室，价格非常低廉，性价比却非常高的产品，仅仅299元。

你看到这里，是不是在想……

“一款299元的茶杯和1万元的紫砂壶相比，为什么要选择299元的茶杯呢？难道不是应该选择贵的吗？”

这就是对“品牌要通过产品表现出来”这句话没有理解透彻。

能帮你传播品牌的产品，必须具备几个特点：

一是性价比高，让更多人先接触你，你才有机会让更多的人相信你。

二是销量足够大，才会形成客户印象。

比如，麦当劳的双重牛肉堡、肯德基的炸鸡，就是这样的，曾经我在为净水器品牌、内衣品牌做品牌咨询的时候，尽管它们已经是价值几十亿的企业，但仍常常采用“品牌要通过产品表现出来”的理念，用最节约成本的方式提升品牌影响力。

三是买了茶杯的人，他每天用茶杯喝茶，等他下次买茶的时候，就会想起这个人。

就这样，选出的产品，令她相当惊诧。

那么，是不是就开始卖这个产品了呢？

还没到时候，你往下看会发现这一步太关键了，就是对这个水杯重新进行包装，让它品牌化。

一是为这个水杯取一个名字，叫“财富能量杯”，与她的定位相呼应。

一个水杯如果能为你带来财富，它就不再是一个普通的水杯。

二是要为这个茶杯写一个品牌故事，客户可能忘记你的产品，可能丢掉你的产品，但是一旦听了你的品牌故事，就很难忘记了，而且会口碑传播给其他人。

三是我一看产品包装盒，远远配不上茶杯本身的质量，就让她立即重新设计，同时再增加一款泡茶的水壶做成套装，卖499元。

这里提醒读者一下，我们写品牌故事，不是杜撰一个故事，而是把本来就有的东西，用故事的结构写出来（如果你想知道这个故事，可以在我的公众号看到，搜索公众号“王一九”）。

如今，这个财富能量杯套装，已经成为她很多高端客户必备的茶具，而且成为银行、金融机构、房地产公司批量采购的礼品。

好了，看到这里，是该跟你聊聊如何启动产品推广了。

首先，我让她启动了线下课程，每人2980元。线下课程的名字，你猜一猜是什么？

叫“财富能量茶道课”。

对，课程的名字也要和定位密切相关。而且，课程内容与过去的课程相比，也要做大幅调整。为了做好这个课程，她来我这里沟通过至少3次，对每个部分都精心打磨。

2020年10月开了第一期，只有20来人，虽然人数不多，课程收入也只有10万元，但是茶叶却销售了10万元，而且引起了很多人的关注，2020年12月开了第二期，有30来人，恰好坐满她的茶社，收入10多万元。

2021年1月开了第三期，有年销售额过亿的微商大咖带团队直接包场，都没有宣传，这个微商团队平均年龄才20多岁。

2021年2月开了第四期，被平安银行私人银行直接包场，邀约了几百个高净值客户（最低净资产600万元，还有很多资产过亿的客户）。

2月，还被深圳一家豪宅地产，邀约讲述财富能量与茶道课程。

随后，有更多的人报名来学，每月开一期。

你想一想，假如过去她只讲茶艺，微商大咖、银行、房地产商几乎是不可能主动找上门来的……

这就是定位决定你的客户群体。

其次，启动线上课程，每人699元。

“财富能量茶道训练营”两周就招募了92人，如果不是过年，早早就突破了100人。

你可能在想，招募92人，是怎么做到的？要知道在知识付费领域招募训练营，能招募20人就已经很开心了。

再次，启动年度私教服务。

过完年，我让她立即启动年度私教服务。

到4月就招募了30人，收款30多万元。

仅此一项，2021年预计招募100人。

你可能会想，100万元并不多嘛。

这可是纯利润啊！

很多人开了10家连锁实体店，都没有100万元的纯利润。

令人感到意外的是，还有不少企业邀请她教授线下课程，每两天收费10万元。

看到开了这么多课程，你是不是在想，茶叶如何做呢？

再次升级，做“茶收藏节”。

很多人在做实体产品，都是等待客户上门，或者1对1拜访客户。这么做，是常态的销售方法，当然要做好，但是当你打造个人品牌，就可以采用造势的方式，一次性提升成交额。

2021年5月，我开始让她启动“月卢觉茶收藏节”。

举行活动，邀请有实力的客户收藏茶。很多人一次就收藏几百万元的茶叶，一次的成交就相当于1对1成交额的几百倍。举行活动，就是制造一个事件，就是造一个势能，一下子就能成交百倍以上的金额。

看到这里，你有没有想过，几个事情的时间是怎么安排，节奏是怎么掌握的？

是的，节奏很重要，所以每次完成一个事情，就要观看一下节奏。

并不是知道要做几件事，就能完成这些动作，而是根据自己个人品牌影响力，逐步调整。

案图5所示为容亦个人品牌进展。

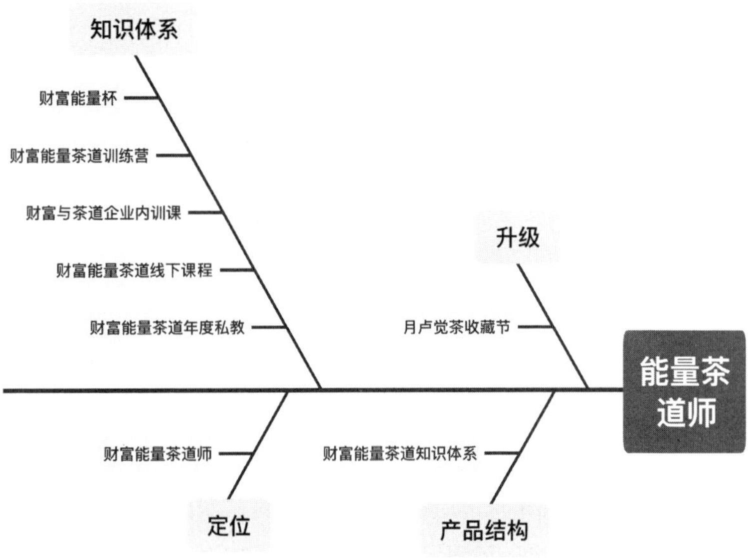

案图5　容亦个人品牌进展

小结：

好了，我们来总结一下，容亦打造个人品牌的几个关键动作：

1.重新定位，让潜在客户提升100倍。

2.产品结构调整，构建万人流量池。

3.撰写产品故事，让客户产生自发的口碑。

4.开设课程，把单纯的线下生意做到线上。

5.招募年度私教学员。

6.举办茶收藏节。

思考：

①在你去逛街或吃饭的时候，留意一下那些实体店，看看还有哪些提升空间。

②假如你在做实体生意，你该如何提升个人品牌影响力来带动产品销售呢？

本章总结

打造个人品牌，首先要有高价值定位，定位不仅仅是打造个人品牌首要的任务，但是很多人对定位有重大的误解，主要有以下四种重大误解。

第一种误解：以为定位是一个标签，其实定位是一套体系，如案图6所示。

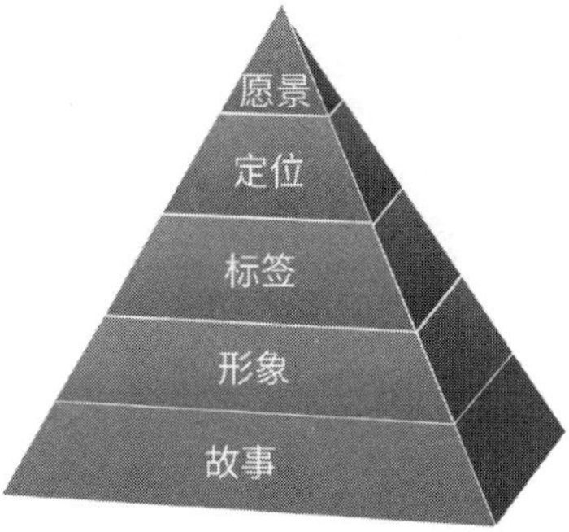

案图6　一九个人品牌定位金字塔体系

在高价值定位体系中，你不仅要明确定位，还要设计标签、形象、故事、愿景，才能构成一个体系，否则孤零零的一个定位词，是无法获得市场认可的。

举个例子，我的定位是个人品牌战略顾问。那么，如果只有这一个词，就很难支撑，所以，我会有几个标签：一九个人品牌体系创始人、暨南大学创业学院导师、前世界500强公司品牌顾问、腾讯课堂等47家平台签约讲师、《人人都能打造个人品牌》作者，还将我的个人品牌故事写在我的公众号上，还有我的愿景，影响1000万人打造个人品牌提升人生价值……

只有把定位构建成一个体系，在传播时灵活应用，才能发挥出高价值定位的威力。

第二种误解：99%的人以为个人品牌的核心是粉丝，但个人品牌的核心是构建知识体系，如案图7所示。

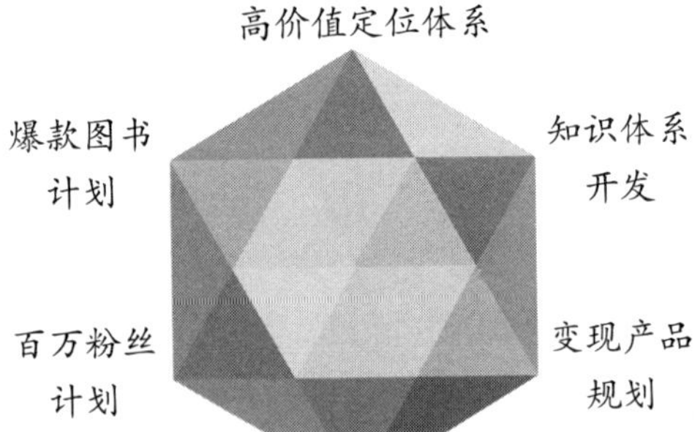

案图7　一九个人品牌轻创业飞轮体系

很多人以为，打造个人品牌首先要圈粉，所以就拼命去学习粉丝裂变、短视频等，还有的拼命加粉丝，这都是技能层面的操作。这些技能重不重要呢？非常重要，但是你想要真正打造个人品牌，就要逐步去构建知识体系，打磨自己的理念。

比如，雷军有一套互联网思维的知识体系，这套体系帮助他大幅提升了影响力，如果按节约广告成本来说，至少节约10亿元广告费。但是如果没有这套体系，雷军就带领全公司的人去加粉裂变，那么结局就完全不同。

巴菲特也有一套关于“价值投资”的知识体系，这套知识体系帮助他从一个普通的投资者，成为2008年《福布斯》排行榜上的世界首富。这套知识体系不仅他自己在使用，全世界做价值投资的人都纷纷向他学习，因此很多人把钱投入巴菲特的伯克希尔·哈撒韦公司。

每个普通人都可以构建个人品牌知识体系。比如，我有的学员就构建了《朋友圈写作知识体系》，还有的学员构建了《轻创业的知识体系》，她们因此脱颖而出。每个想要成就个人品牌的普通人也需要一套知识体系。知识体系不仅能够极大地提升自己的核心竞争力和自信力，也能够增加对行业的认知深度。

第三种误解：以为定位就是找个风口，没注意自己的天赋。

我见到有很多人说，哇，今年是视频号的风口，定位为视频号专家，你就能赚到很多钱。这就是只看到外部，没看到自己的天赋。抓住风口可以让自己创业更轻松，但是如果你的天赋不在这点上，就无法发挥出自己的优势，就无法激发自己的创造力，也没有办法投入大量的时间和精力去做。结果可想而知，当别人都热火朝天地干，而你却非常痛苦地干，你是无法在竞争中脱颖而出的。

第四种误解：以为定位就是找细分领域成为第一人，没有注意到阶段。

有些人看到很多营销书籍上说要开辟一个新领域，成为第一人，成为第一品牌。这个理念没有错，我做了16年的品牌咨询，服务过从价值几百万元到1000亿元的品牌，所以我对哪个阶段做哪个事情深有感触。

如果你实力非常小，就贸然去开创一个新的细分领域，是无法获得市场认可的。所以，你在最开始的时候，不要急于成为第一人，而是应先做已经被市场认可的事情，等你实力强大后再逐步往前走。

老子说："我有三宝，持而保之。一曰慈，二曰俭，三曰不敢为天下先。慈，故能勇；俭，故能广；不敢为天下先，故能成器长。今舍慈且勇，舍俭且广，舍后且先，死矣！"连老子都认为，你越是认为自己是天下第一，就死得越快。这不仅是一种策略，还是一种修养。打造个人品牌是一种人生修行。

锦囊篇

人人都能打造

个人品牌

ZERO

人人都能打造个人品牌

|课前部分|

人人都能打造个人品牌

01 为什么要打造个人品牌?

锦囊 001：影响力，决定财富创造力

问　题：为什么拥有同样的技能，却有人月入1万-，有人月入10万+？

王一九：影响力，决定财富创造力

为什么拥有同样的技能，收入却有着天壤之别？

答案就是影响力。

一个人没有影响力，只拿一份工资，可能月收入是1万元；一个打造个人品牌的人，假设只有1000个铁粉，那么你的影响力是1000人，如果每个人平均贡献的销售额是1000元，总额就是100万元。

如果他能够不断地输出自己的价值，经过一两年的累积，这种影响力可能扩大到1万人，甚至10万人。而且，影响力会产生累加效应，会不断倍增，上不封顶。

同样的技能，如果你卖给1个客户、10个客户、100个客户和卖给1万个客户，收益就相差10倍乃至100倍甚至10000倍。这就是那些有影响力的人，收益这么大的原因。

这个是卖自己的技能，那么我们再以卖产品来分析。

你的产品和竞争对手家的产品基本没有差别。那么收入的多少，取决于什么呢？

取决于谁的产品卖得更多或更贵！

怎样才能卖得更多呢？那就要看谁的产品影响力更大！

市场上的产品不就是这样吗？谁的品牌做得好，谁的知名度就更高，卖得就更多而且更贵，谁的收益就更大。

比如，你开发了一瓶矿泉水，如果你每月只卖1万瓶，每瓶3元，一个月的营业额就只有3万元。但是如果卖100万瓶，就是300万元，一年营业额就是3600万元，如图0-1所示。

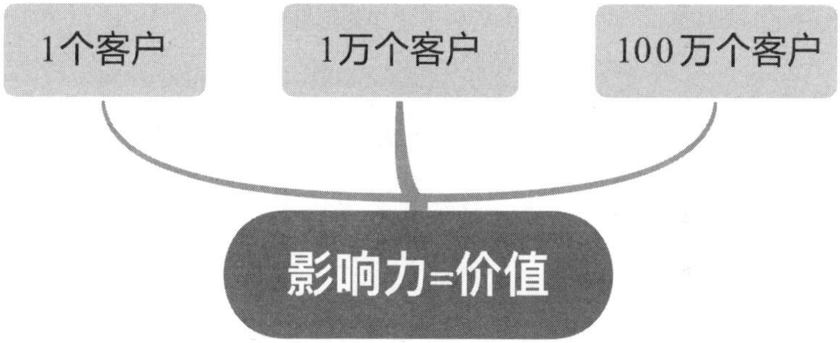

图0-1　影响力决定财富创造力

但是，什么是影响力呢？是不是在抖音上有100万粉丝，就是有100万影响力呢？

什么是影响力？就是有多少人认可你。你认可多少人，那不是你的影响力，而是别人的影响力。

所以，**不要沾沾自喜地说你认识谁，而要看有谁主动来认识你**。

另外，影响力不会随着你更换工作或生意而降低，只要持续输出，就会越来越大、越来越强，再也不用担心丢失大客户，而要“担忧”的是客户越来越多，如何筛选，如何管理。

那么问题来了，想要提升影响力，首先要做什么呢？写公众号、开抖音、做直播吗？

都不是，首先要找到自己的定位，给自己做一个长远的人生战略规划，媒介只是传播工具，选择适合自己的平台就行。然后，你可以选择公众号、抖音、快手、微信号、知乎、头条号…… 平台很多，几乎都是免费的，为这个时代的每一个人提升个人影响力铺好了道路。任何一种平台都能让你的影响力提升100倍，乃至1万倍。

锦囊 002：从技能到个人品牌，提升 100 倍影响力

问　题：对于拥有专业技能的人，比如服装设计师、平面设计师、瑜伽师等，打造个人品牌和不打造个人品牌的区别究竟有多大？拥有专业技能的人，如何开启个人品牌之路？

王一九：从技能到个人品牌，提升100倍影响力

昨天去定做西装，设计师是通过一个朋友介绍认识的。这位设计师的水平很高，做了26年的西装定制。一对一沟通，服务一个客户需要耗时2小时。

但是，江湖上却没有他的声音。通过百度搜索找不到他的任

何信息。而且，他为很多名人和企业高管提供过服装定制服务，但是在他的工作室里一点痕迹也看不出来。

这位设计师，就是一个没有个人品牌的专业技能人。

我们分析一下，他存在以下几种缺点。

1. 与客户的沟通时间过长

2个小时中，大多数时间都是客户在了解设计师的经历，了解相关业务内容。

如果客户在网上能够轻松地搜索到设计师的相关介绍，那么提前了解了他的价值，解决了信任问题，并且对业务有了一个比较清晰的了解，就会大大节省沟通的时间。客户到达工作室后，只需要15分钟左右做一个具体沟通，再花15分钟测量身形数据就可以了。

这样，服务同样的客户，工作效率却提升了4倍。

2. 忽视了个人品牌的传播

注重个人品牌的技能人，会持续向外传播个人品牌，以不断提升个人影响力。如果每天能抽出1~2个小时来传播自己的个人品牌，那么客户可能排队都会排到半年后。按照服装定制的价位来算，利润会提升多少倍呢？

而且，如果只是单纯地依靠朋友或客户的口碑传播，效果也比较有限。比如，我就没法把他介绍给你，因为即便我说出他的名字，你在网上也找不到他，他的价值也无法被传播。

这样就导致了，客户的数量始终有限，并且很不稳定。每年都要花费大量的时间去开发新客户。循环往复，不仅他个人非常累，而且浪费了宝贵的时间。

3. 定价能力有限

客户的单价需要花费一定的时间来洽谈，甚至可能会出现“讨价还价”的情况。客户大砍价，设计师要么直接放弃，要么“好言相劝”，告诉客户自己的材料多么好、技术多么高，而且房租等成本多么高……

而具有足够影响力的人，可以直接定价。因为品牌也是价值，粉丝只要认可品牌，就会为品牌埋单。

那么，拥有专业技能的人士如何开启个人品牌之路呢？

1. 找到自己的高价值定位

比如“服装定制设计师”，很多人可能觉得这个定位已经是高价值定位了。其实，从打造个人品牌的角度来看，还不够高价值。具体可阅读本书中的相关章节。

2. 对个人品牌做框架梳理和包装

3. 做好传播规划，不断裂变粉丝

锦囊 003：个人品牌，为职场人放大百倍价值

问　题：为什么在移动互联网时代，每一个职场人都应该打造个人品牌？

王一九：个人品牌，为职场人放大百倍价值

互联网为每个人都提供了打造个人品牌的平台和各种工具。这些工具可以让普通人的影响力快速提升十倍、百倍乃至千倍。

职场人在一家公司打工，其价值仅仅是被老板认可。即使工

作非常优秀，加薪也是非常有限的。即便跳槽，工资最多也不会超过行业平均水平的3倍。

比如，文案岗位的平均工资是8000元，一个优秀文案拿到24000元工资已经相当高了。可是通过互联网打造个人品牌，他可以成为金牌文案老师。在有一定基础后，可以辞职，成为一个专职的文案老师。随着影响力的不断扩大，合作的客户也会越来越多。我有一个学员做文案导师，29800元一个学员，这个月一次发售，就收到30名学员，收入80多万元，相当于一个职场文案工资的10倍。

有了一定的影响力，还可以开发各种知识产品，比如线上课程、线下课程、1对1咨询、图书等。收入将会是在公司打工时的几倍，甚至几十倍。不仅如此，还可以拥有自由的工作时间，可以去世界各地旅行，可以拥有更多时间来轻松、惬意地看看书、喝喝茶，真正活成自己想要的样子。

而且，在公司打工，获得的仅仅是一个人——老板的认可。而打造个人品牌，可以让自己的价值最大化，收获成千上万客户、学员的认可！

这并不是说每个人都应该辞职，如果你在职场，同样可以通过互联网平台放大自己的影响力，通过各种途径让个人影响力变现，如果有一天你离职了，没有收入，你同样可以有另一份收入。

锦囊004：凸显个人价值，让人过目不忘

问　题：究竟如何理解个人品牌？人人都可以打造个人品牌吗？

王一九：凸显个人价值，让人过目不忘

有一个投资人，说他的朋友想认识我。我们约了一起喝茶。

我问这位新认识的朋友他是做什么行业的。对方介绍了自己拥有的几家公司，有软件公司、硬件公司、旅游公司等，但足足用了5分钟时间都没有介绍清楚自己的优势领域。

如果有人想找他合作，我也无法介绍他，因为我不知道哪个领域是他最擅长的。

直到现在，我在写这个书稿，我又想了一遍，还是搞不清楚他的优势是什么。如果谈合作，你讲了5分钟，别人还是记不住，那客户还会感兴趣吗？当然就没兴趣了。

那么我们按照这个思路，来做个人介绍：

①郭德纲是说相声的。

②樊登是讲书的。

③王一九是打造个人品牌的。

一句话就说清楚了，而且会让你印象深刻。

这样一来，朋友聚会时，只需要一个握手的时间，你就把自己的广告做完了。不到10秒时间，就多了一个潜在客户。

因为即便你的社交圈很广，认识的人很多，但大部分都是弱

关系。不太可能每个人都有时间听你用5分钟时间来介绍自己。一旦对方能够快速了解到你的优势，知道了你在某个领域有所研究，有相关问题就会找你来咨询合作，如果合作效果好，自然会帮你再去传播（如果对方都不了解你的优势，即便想帮你去做宣传，也无从下手）。

个人品牌就是突出你的个人价值，让人过目不忘，才会有更多的人找你合作。照这个做法，其实人人都能打造个人品牌，只不过是影响力大小问题，你要做的就是找到自己的定位，不断扩大影响力。

那么，再来想一想，你在别人心目中，是做什么的呢？

锦囊005：打造个人品牌，实现零风险创业

问　题：90%的人都想过创业，却发现创业投入资金多，竞争激烈，风险很大。那么如果想要创业的话，应该如何提前布局？

王一九：打造个人品牌，实现零风险创业

过去创业的模式是，离职→筹钱→开公司→招募员工→销售产品→赚钱或亏钱（倒闭）。

中小企业平均寿命是2.7年，这就是传统的投资创业的现状。

而打造个人品牌的模式是，**累积粉丝→代理产品→收入超过主业3倍→离职轻创业→持续累积粉丝→……→开公司团队化运营**。

这是两种完全不同的模式。打造个人品牌，是先有粉丝。有了粉丝就等于有了客户基础，成功率几乎是100%。而且，有了粉丝后，员工也可以从粉丝中招募，大家价值观相同，相互认可，可以合伙一起做。相比之下，刚开的小公司到市场上去招募员工，不仅成本很高，而且磨合还需要很长时间。

所以，**假如你想创业，提前累积粉丝是最佳选择**。

我在一九个人品牌学院里，也为优秀学员制订了“粉丝共享”计划。假如每人有1万粉丝，10个人就可以共享10万粉丝；100人共享，就有100万粉丝。这也是未来更多人选择的打造个人品牌，零风险创业的方式。

你有想过这种创业模式吗？

02 人人都能打造个人品牌

锦囊 006：打破自我心理设限，人人都能打造个人品牌

问　题：我才25岁，拥有的知识不够多，而且身边都是有能力的人。在这样的情况下，我能打造个人品牌吗？

王一九：打破自我心理设限，人人都能打造个人品牌

实力不够强，就不能打造个人品牌吗？

当然不是！

常常听到有人说，身边有很多更厉害的同行，所以自己不敢打造自己的个人品牌。

这是一个非常大的误区。

你是要把服务卖给客户，又不是把服务卖给竞争对手。

而且，刚开始启动个人品牌的时候，只是把服务或产品卖给周边的几十个人，最多几百个人，根本就不用担心竞争对手。

举个例子，幼儿园老师的教学能力，不如中学老师、大学教授高，但幼儿园的老师只需要教小朋友，而不是要去教中学生、大学生。而教授的孩子，也要去上幼儿园。

如果你是一个初级瑜伽师，也照样可以打造自己的个人品牌。你的目标用户就是那些不会做瑜伽的人。你要做的事情，就是把全部的精力都放到客户身上，真诚、用心地服务好他们，完全不用关心那些瑜伽大师。

什么时候会需要特别关注竞争对手？是等你做到行业前几名的时候。

任何一个行业排名前几的企业，年销售额都在几十亿元以上；任何一个领域里排名前几的大咖，旗下公司的年销售额也会有上亿元。在你才刚刚开始发展的时候，担心那么多干什么呢？

我有一个学员是瑜伽教练，他是在一家瑜伽学院做教练，能力处于初级水平。

他说很想做一个线上课程，但是发现身边很厉害的瑜伽老师都没有去做，他担心自己做完之后，会被其他老师嘲笑。

这就是给自己定了一个心理限制。

我跟他讲，你做的这个瑜伽课程，并不是要卖给那些更厉害的瑜伽老师，而是要卖给那些本来就不会练瑜伽的人。

你有什么可担心的呢？那些本来就不会练瑜伽的人，你只需要教给他们10个动作，他们就能从中受益，你也就帮到了他们。

既然能帮助到别人，你自己又能因此而获得收益，为什么还要给自己设限呢？

处于任何一个层级的人，都可以把自己的经验分享给更低层级的人。

假设你现在处于60分的水平，那么你就可以把自己的经验分享给那些只有50分水平的人。所以，你根本不用担心自己的知识不够，因为永远有比你水平高的人，永远也有比你水平低的人。

不要为自己做一个心理设限，勇敢地去做，才是你最应该做的事情。当然，你也不能满足于当下的水平，而自己也要不断地精进，勇猛地去学习，不惜一切代价地去学习！

只有不断地成长，才会让你的个人品牌更强！等到成长的积累爆发的时候，你获得的收益也就爆发了。

那么，人人都可以打造个人品牌吗？

答案是肯定的。

打造个人品牌，并没有想象中的那么难，人人都可以做到。但并不是所有人都能理解个人品牌的价值，所以真正能去打造个人品牌的人，一定是少数。

谁先行动，谁就抢占了先机。

打造个人品牌，都需要哪些条件呢？

1.需要你对个人品牌的价值和意义有深刻的认识。

2.需要有一套方法论。

3.需要你坚持、执着地去执行。

锦囊007：再小的技能，都有大市场

问　题：如果只有最简单的技能，比如“炒鸡蛋”“做PPT”，也能够打造个人品牌吗？

王一九：再小的技能，都有大市场

中国有14亿人，任何小技能都有着巨大的市场。

我们就从“炒鸡蛋”来举例分析。

炒鸡蛋虽然是个很小的技能，但市场上却没有“炒鸡蛋专家”。

从产品角度来说：

1.产品营养而简单。

2.使用频率高。

3.潜在客户多。

这不就是最好的产品吗？

炒鸡蛋是一个好产品，不仅营养而且使用频率高，产品系列还很丰富。从配料来讲，有西红柿炒鸡蛋、青椒炒鸡蛋等数十种，延伸还有蒸鸡蛋、炖鸡蛋等。

但是，在中国至少有1亿人不会做这道菜，至少有3亿人无法做好这道菜。很多都快30岁的人了，炒个鸡蛋都能把厨房烧了。

简单的产品才是好产品，复杂的产品不是好产品。

比如“煎牛排”，从市场的角度来看，其市场潜力就远远不如炒鸡蛋。因为100个人里，有99个人，一辈子也不会做一次煎牛排。

你就可以用炒鸡蛋这个技能，来打造个人品牌，成为炒鸡蛋界的专家，甚至做到全省第一名或全国第一名。

世界上将一个菜做到顶尖的人有很多，比如“寿司之神”小野二郎，全球公认的寿司第一人。去他的店吃寿司，费用约3000元人民币/人，还需要提前半年预约。

寿司是很高级的菜吗？不是的。寿司是日本最简单的家常菜，类似于我们的炒鸡蛋。

那么接下来，是不是开一个饭店卖炒鸡蛋呢？

当然不是，因为那无法将价值最大化。

更优的做法有很多种，比如：

1.微信公众号+快手。每天发布关于炒鸡蛋的文章和视频，提升个人知名度，积累粉丝。

2.开一个家庭厨房，送美团外卖。不用交房租，还能汇聚大量客户。

3.开一个课程，教别人如何炒鸡蛋。课程售价9.9元一份，在各大平台上架，卖1万份就是9.9万元，卖10万份就是99.9万元。

4.销售专用的打蛋器、炒蛋锅、鸡蛋保鲜盒，999元一套，卖1000份就是99万元。

5.销售山上圈养的特色土鸡下的蛋，源源不断地供应给粉丝……

除此之外，还有很多种变现的方式。

做PPT、做Excel、做简历、写文案……很多拥有小技能的个人品牌打造者，已经靠技能课程获得了百万级的收益。

还有很多小技能，成就了大企业。

比如，制造梳子的谭木匠已有几千家店，做辣酱的老干妈年销售额已经几十亿元。这些大公司，都是依靠不起眼的小技能发展起来的。

锦囊008：有100个认可你的人，就能打造个人品牌

问　题：我的朋友圈的人很少，能打造个人品牌吗？

王一九：有100个认可你的人，就能打造个人品牌

打造个人品牌，**不在于你的朋友圈有多少人，而在于你能影响到多少人**。

有人说，我的朋友圈已经有2000人，是不是我已经影响到2000人了呢？

不是。**影响力不在于你认识多少人，而是有多少人认可你**。

如果你没有打造出自己的个人品牌，没有输出自己的知识体系和价值观，那么只能说明你的通讯录里有2000个联系人而已。

即使你的朋友圈只有100个人，但这100个人都是认可你的，那你一样可以开始打造自己的个人品牌。

因为80%的人，其影响力所辐射的范围不会超过100个人。

比如，普通的上班族，能够影响到的就是自己的同事、亲朋好友。对于普通的公司老板来说，除了员工和亲朋好友外，最多还有一些核心客户。

所以，你根本不用担心自己朋友圈里的人很少。从少量客户开始，才是符合规律的方法。假如一开始就来1000个客户，那么你很快就会把事情搞砸，因为你根本不具备这个能力，而且所带来的坏口碑是不可逆转的。

从少量客户开始，比如100个客户（这里只是举例，具体根据你的产品类型而定），深度理解客户的需求，用心服务好现有

的客户。

因为你只要服务好第一个客户，其他99个客户就会知道，而且他们也会再告诉身边的人。

所以只要你服务好前100个客户，根本不用担心流量的问题。流量的本质，是靠好的产品和服务吸引来的。

锦囊009：“培训讲师”更容易打造个人品牌

问　题：作为一名培训师，想打造个人品牌。可是没有经营过公司，这样也能成功打造个人品牌吗？

王一九：“培训讲师”更容易打造个人品牌

“培训讲师”是最容易打造个人品牌的一类人。

个人品牌传播有两种最好的途径：一种是说；另一种是写。其实，讲师就是占据了“说”的优势。有的讲师不仅能说还能写，这在打造个人品牌方面就占据了得天独厚的优势。

但也不是说具备了说和写两个优势就能成功地打造个人品牌，还需要有精准的定位和具有杀伤力的知识体系。

有很多讲师讲了十年，都没有清晰地确立自己的定位，只能被淹没在众多同类型的讲师中。虽然每次讲得都很好，赢得了鲜花和掌声，但是学员听完后转眼就忘记了，最终也没有记住讲师，这就是没有**核心知识体系**的原因。

讲师打造个人品牌，不一定要成立公司，更与有没有成功经营过公司无关。**打造个人品牌的关键是赢得粉丝，目的是助力自**

己成功创业。

所以你可以选择先打造个人品牌，再进行创业，经营自己的公司。通过打造个人品牌的方式来创业，也是一种低成本、零风险的最佳创业方式。

锦囊 010：线下店主打造个人品牌，每月多销 30 万元

问　题：做传统的线下门店生意，也能打造个人品牌吸引粉丝吗？

王一九：线下店主打造个人品牌，每月多销30万元

去年，一个开母婴店的学员向我咨询。她开店十几年了，生意一直不好不坏。去年周边又开了几家母婴店，而且装修得非常好，抢走了不少客户，她非常担忧自己的生意。

聊过后，我发现她其实具备很大的优势。

我跟她说，你一点儿都不用担心别人的店面装修得比你好。因为对于母婴店来说，装修并不是核心的竞争力。

母婴店的客户更关注和在意的是母婴用品的安全性和店主的专业性。你本身具有非常丰富的育儿知识，对奶粉、营养品、婴儿穿戴等都非常了解，这才是最有竞争力的。

打造自己的个人品牌，树立起专业、可信赖的形象，这才是比提升装修档次更为重要的事情。

我主要给她提出了以下两点建议：

1.将自己的价值梳理清楚

以前，客户对你的优势的了解可能只有10%。梳理清楚自己的价值，让客户对你的价值的认识从10%提升到100%！客户自然会对你更加认可和信赖！

2.提升门店推广能力

在店内定期开展母婴知识等形式的科普讲座或免费咨询，将自己的价值更有效地传递出去。这样不仅能立即增加产品销量，还能吸引到其他店的客户。

母婴用品购买频率比较高，客户只要来店里买过一次东西，获得了很好的消费体验、了解了你的优势，就很容易成为忠诚度高的客户。而母婴店的客户一般都是周边的住户，又很容易形成口碑传播。

同时，我建议她还可以开通自媒体账号，增加网络销售。

两个月后，她告诉我，销售额大幅提升，月销售额比之前多了30万元。

ZERO 个人品牌 人人都能打造

| 第一部分 |

发现优势

01 自信

锦囊 011：相信自己，你的人生有更多可能

问　题：自己不擅长沟通，不敢当众表达，总是默默地在做幕后工作。要不要逼自己一把，走到台前？

王一九：相信自己，你的人生有更多可能

既然已经意识到了这一点，想要突破“舒适圈”，让自己的人生有更多的可能性，那么就请相信自己，勇敢地迈出第一步。

有句话是“人生不设限”，意思是不要给自己的人生设定限制。比如，为自己设定“我性格内向，所以不擅长沟通，不擅长演讲”。

当你在内心跟自己说“我做不到”的时候，你的潜意识里已经接受了自己“做不到”的结果。这个时候，即使你很努力地去做，但实际上很难实现想要的结果。

因为你已经在心底种下了失败的种子。

我认为，理解“人生不设限”这句话，不仅仅是把它作为一种理念，“我要去尝试更多可能”，而是要真正**从心底里相信自**

己——我的人生有更多可能。

只有这样，当你尝试要去突破与人沟通的障碍时，才能真正感受到与人沟通的快乐，才能感受到演讲带来的成就感与自豪感。

我在上学的时候，是个性格极其内向的人，连班上同学的名字都叫不全。工作以后，第一次给客户讲PPT，两腿都发抖，我意识到了自己需要做出改变。我首先是从心底里相信自己能够做到，然后一点点地去尝试。

从不敢与客户沟通，到在客户面前讲演产品；从开会时不敢当众发表自己的意见，到在公众场合做演讲……

从面对几十人讲课，到面对成千上万的学员在线讲课，再到参加各类盛会担任演讲嘉宾……

你的人生不设限，从心底里相信自己的人生有更多可能，勇敢地迈出第一步吧！

锦囊012：每个人都是“人才”，只是各有所长

问　题：什么样的人才算是“人才”呢？

王一九：每个人都是“人才”，只是各有所长

其实，每个人都有自己的天分，这是与生俱来的特质。

基本上可以把人分为三个“才”型：将才、帅才、慧才。

“将才”能力强，擅长冲锋陷阵。

古代是张飞、关羽之类，现在是销售型人才，一人能敌百人。

将才最致命的弱点是喜欢变化（或者说不安分），动不动就会被别的公司挖走，结果跳来跳去就到了三四十岁。从自己挑公司，到被公司挑；从想跳就跳，到被动地求稳……

“帅才”擅长统领，是精神支柱，扛得住压力。

古代是刘备、孙权之类，现在是企业老板。

帅才最致命的弱点是多疑，多疑就会导致员工失去向心力，员工内心缺乏安全感，无法全力以赴地工作，时刻要考虑退路……

“慧才”逻辑分析能力强，善学，有谋略。

古代是诸葛亮、鲁肃之类，现在叫咨询顾问或市场部经理。

慧才最致命的弱点是过于小心谨慎。

将才如果坚持在一份工作（事业）上冲锋陷阵，职位自然会越做越高。

帅才如果能够扛得住压力，团结好更多的人才，公司自然会越做越强。

慧才如果充分发挥自己的优势，早早开创自己的事业，事业自然会越做越大。

因此，抓住自己的优势特质，才能发挥出最大的能量。

锦囊 013：不逼自己一把，你都不知道自己有多优秀

问　题：有时候看似不可能完成的工作，被人逼一把就完成了。你有这样的经历吗？给你的启示是什么？

王一九：不逼自己一把，你都不知道自己有多优秀

一个学员，我建议她每天早上6点起床，然后利用早起的时间来写点东西。

她说："6点起床，太早了。我做不到啊！"

我说："如果我有一个方法，可以帮助你做到，而且这个方法很简单，你愿意试试吗？"

她说："好！"

我让她编辑一条微信，内容是"我要每天6点起床，在群里打卡，然后写一篇笔记发到群里。如果我做不到，就发100元的群红包"。然后将这条微信内容发到她的微信粉丝群，并且@所有人。

她问道："万一我很晚才睡，实在起不来怎么办？"

我回答："哪怕你早上5点才睡，6点也要起来写笔记。这是承诺。"当然，如果真的做了这个承诺，晚上只会比以前休息得更早。

她有些犹豫。

我又说："你应该知道，这样做对你会有三个好处：一是生活规律，早睡早起身体好；二是每天写笔记，做梳理，有助于事业发展；三是最关键的，从此以后更加自信！"

她听后，还是犹豫地说要考虑考虑。

一周后，她还是来了。

茶桌前，我看到她的手在发抖。

我让她拿出手机，编辑好微信内容。

我说："发。"

她紧张道：“真的要发吗？”

我回答：“立即发！发完之后，你会发现自己从来没有这么轻松过。”

她小心翼翼地说：“万一我做不到……我的名声可就完了。”

我盯着她的眼睛，“逼迫”道：“发！”

1个月过去了。

她在坚持。

2个月过去了。

她在坚持。

3个月过去了。

她还在坚持。

……

如今，她早已养成了早睡早起的习惯。作息规律了，工作效率也大大提高了，事业也随之快速发展起来了。

有时候不逼自己一把，你都不知道自己有多优秀。

如果你已经意识到了自己的问题，比如熬夜、晚起、拖延、安于现状、不求上进等，就逼自己一把，这样才能让自己不断得到提升。

02 突破

锦囊014：内心的恐惧，是成长的最大障碍

问　题：看到一九老师和各位学员“每日一问”的回答都很深刻，也特别受启发。但是觉得自己的文笔不够好，写的回答也很普通，不好意思发出来，那我还要参与回答吗？

王一九：内心的恐惧，是成长的最大障碍

这是前天一位学员提的问题，我想这也是很多人的问题。其实，这个问题表面上是写作的问题，实际上是内心的恐惧和担忧。

比如，不敢开始写作，是恐惧别人的眼光；不敢开始做销售，是恐惧客户拒绝；不敢开启个人品牌，是恐惧自己不够好；不敢付费去学习，是担心花出去的钱赚不回来；不敢上台演讲，是恐惧自己讲不好被嘲笑；不敢去创业，是恐惧失败后血本无归……

这些恐惧和担忧，会让你的人生停滞不前。

2008年，当时有个高中同学找我一起去做淘宝，我没有答应。结果一年后，他的淘宝店营业额超过2000万元，2009年的

2000万元，可是一个不小的数目。

我恐惧的是，如果辞职去创业，万一赚不到钱，连生活费都没有了。我老家在农村，家里条件不太好，连上大学第一年的学费都是借来的。我非常担心失败后自己生存不下去。恐惧，让我犹豫不前。

我估计，这也是很多从农村走出来的孩子，不敢去创业的重要原因之一。之后的几年里，我一直在想，一直又不敢离职创业，内心很挣扎。直到有人带了我一把，这对我来说太重要了。我注册了自己的第一家公司，然后就忙得顾不上恐惧了。

半年过去了，我果然把过去几年的积蓄全部亏掉了。然而，我不再那么恐惧，因为我知道了路应该如何走，亏的钱其实就是“学费”。在没有一分钱存款的情况下，就直接刷信用卡买了人生的第一辆车。

之后，事业逐步走上了正轨。在外界看来，我也越来越成功。当然，其间还会不断地遇到困难，但我已经知道了如何去解决困难。而且，遇到了困难，才说明你的方向是正确的，是在不断地挑战自己，不断地努力向上。

再后来，做一九个人品牌学院，我发现不少学员也是想了好几年，却不敢开启自己的事业，担心自己不够专业，担心身边朋友的嘲笑，担心被自己的老板知道……

我就让他们公布一个自己的产品或课程，来推他们一把。我首先来付费支持，再推荐其他的学员购买。既然有客户付款了，他们“被逼无奈”，就必须开始。因为要对客户负责。

结果，一发不可收拾。

他们慢慢都找到了感觉，不再害怕，不再恐惧，每天想的都是如何解决客户的问题，如何提升产品，扩大客户人群。被逼迫开始的学员中，有三个人去年的收入超过了100万元。

战胜内心的恐惧，你就已经成功了一大半。

锦囊015：突破障碍的最佳方式是直面障碍

问　题：一个人想做自己喜欢的事情，会面临的最大障碍是什么？又该如何突破这个障碍？

王一九：突破障碍的最佳方式是直面障碍

我有一个学员，说自己很想成为一个自由职业者，这样就可以一边旅行一边工作。可是，迫于生活压力，成为自由职业者的想法一推再推。几年过去了，他现在还是一个朝九晚五的“打工人”。

另一个学员做健身教练，两年前想做线上课程。但是一直担心自己的水平不够，担心自己的课程会被周围更厉害的教练看到，担心驾驭不了学员会被骂……

不过，做健身教练的这位学员在纠结、犹豫了两年后，终于下定了决心。他说，一定要逼自己一把，不然要么永远纠结、犹豫下去；要么选择放弃，以后又会不断地陷入懊悔之中。

前段时间，他开始了自己的健身课程的运营，结果一发不可收拾。现在每个月都能招募到学员，学员中还有博士生、企业家。

人们面临的障碍，往往不是专业上的障碍，不是因为自己水平不够，而是过不了自己的心理关。自己在内心给自己立下了一个巨大的障碍。

其实：

水平低不是障碍。

教授可以带博士生，那么幼儿园老师的水平也可以教幼儿。

客户少不是障碍。

有一个客户，你就可以开始。所有的大企业都是从第一个客户发展起来的。

性格内向不是障碍。

世界上有1/3的人，都是内向型性格，比如爱因斯坦、贝多芬、巴菲特……

最大的障碍，其实是自己给自己的人生设限。

突破障碍的最好方式，就是直面障碍。

假如你一直不敢上台讲话，就去讲一次看看；

假如你一直不敢离职，就离职一次看看；

假如你一直不敢表白，就表白一次看看……

尝试一次能死吗？不能！既然死不了，就去尝试！

人生除了生死关，别的关你都可以突破，相信自己，直面障碍！

锦囊016：逃避困难，只会制造出更多困难

问　题：当自己所做的事情遇到了“瓶颈”，想再拓展个新的项目来做。这样做是对还是不对呢？

王一九：逃避困难，只会制造出更多困难

有客户来做咨询，说自己开了一家广告公司，因为做了几年发现不赚钱，所以现在又去做了一个饮料品牌的代理商。

我问他：“你做广告公司多久了？”

他回答：“有五年了。”

我又问：“那么你做饮料这行，能做出自己的品牌吗？而且你有那么多资金吗？”

他回答：“我也知道做饮料这块很困难，自己也没有资金，更没有相应的经验。但是广告业务现在不赚钱啊，所以想代理一个饮料产品试一试……”

我打断他：“那么你觉得广告业务这块怎样做能提升盈利呢？”

他非常确定地回答：“我对自己和团队的专业能力是非常有信心的，只要我坚持每天写文章，输出知识和案例，就能提升知名度，获得更多的客户。”

你看，明明知道解决办法，却不去执行，而是把希望寄托在另一件自己根本不擅长的事情上。表面来看，是增加了新的机会，好像是1＋1＞2，实际上是1－1＝0，最终哪件事情都做不好。

事实上，我们很多人或多或少都出现过上面案例中的情况。

为什么会这样呢？

我认为，最根本的原因就是**不敢面对困难**。

就拿上面的案例来说，客户正因为自己是专业做广告的，所以如果做不好，就会被认为是真的失败。而做饮料，本来就属于他不擅长的事情，即使失败了也“情有可原”。

这种逃避只能获得一时的新鲜感和刺激，之后，换来的就是更多的苦恼和遗憾。

原本只要坚持、努力就能有所收获的项目，因为新项目的增加，减少了时间、精力、资源的投入，渐渐荒废。而新的项目，由于先天不足，即使付出了努力，也很难有好的回报。这样就导致原本能做好的没做好，想去做的又做不好。最终结果是哪个都没做好。

03 选择

锦囊 017：从初心出发，做对的选择

问　题：有两个选择，很纠结，如何才能做出正确的选择？

王一九：从初心出发，做对的选择

从初心出发，做对人有利的事情，就是正确的事情。

你可能会觉得，这不就是说，不在乎赚钱多少，做善事就有善报吗？

当一个人在心中发出一个念头，这个念头就会在潜意识中逐渐长大。

就好比一颗种子，虽然很小，但是随着时间的推移，它会长成比种子大10万倍的大树。大树开枝散叶，很久很久以后，这棵大树又变成了一片森林。

你给自己种下一个好的念头，随着时间的推移，它会变成一个完整的意识，这个意识又会吸引同频的人来和你一起做事情，然后这个念头就会变成现实。

比如，你种下了一个要治病救人的念头，那么你就能不断地

吸引到优秀的医生，接着又会吸引到愿意投钱的投资人，最后成立一家医院的念头就会变成现实。

你看，很多公益性医院就是这么来的。哈佛大学也是这么来的。

再如，有人种下了一个“我是不是得了病”的念头，久而久之，每天心情压抑、恐惧、紧张，即使没病也会变得有病了。

王阳明所说的“致良知”，就是一切秉承至真至善的良知。这是符合事物发展规律的，就是符合天道的，也才是根本正确的。

所以，假如有两个选择，问问自己的良知，哪个是正能量的，是有益于他人的？哪个是为了赚钱的，是为了私利的？

选择有益于他人的，不仅会成就事业，赚钱也是必然的事情。

选择为了私利的，或许在短期内会赚很多钱，但如果德不配位，最终还是会还回去的。

所以，跟随着自己的初心，用良知来选择，就是最正确的选择。

04 方向

锦囊 018：方向，比盲目努力更重要

问　题：为什么有的人能力水平都差不多，收入却会相差十倍？

王一九：方向，比盲目努力更重要

很多年前，我当时所在的公司里有两个管培生，他们表现出来的能力水平大体相当。实习期结束后，一个人选择去人力资源部，另一个人去了销售部。

去人力资源部的人收入比较稳定，而去做销售的人，有时业绩好收入就会高一些，有时则会低一些。但总的来说，两个人的收入差别不大。

过了三年，两个人都升职成为经理。这个时候，他们的收入开始出现了巨大的差别。销售部经理的工资是人力资源部经理工资的2倍，年底的奖金则是8倍。

又过了三年，人力资源经理成为人力资源副总监，而销售经理则离开了公司去创业。

如今，那位人力资源副总监早已转正成了总监，但收入水平也只是跟之前销售经理的收入水平差不多。而那位销售经理，凭借着自己的经验和资源，很快将生意做得风生水起，现在已经实现了财富自由。

曾经还有两个同事，岗位都是活动策划。后来他们离职，A去了广告公司，还是做活动策划，月薪8000元。B去了互联网公司做运营策划，月薪1.2万元。一年后，A的月薪依然是8000元，而B的月薪涨到了2.5万元，相差3倍。

前段时间，A告诉我，自己所在的广告公司已经半死不活，做得非常艰难。而B创建了一个互联网项目，融资500万元，开启了自己的事业。

你发现了吗？同样的起点，但因为选择的方向不同，个人成长和发展结果就会大为不同。所以，努力很重要，选择努力的方向更重要！

05 规划

锦囊019：你不规划自己的人生，你的人生就将被别人规划

问　题：有个华为的朋友，38岁离职了，结果两年时间都没有找到合适的工作。他发现“离开平台自己什么都不是”。假如你还在职场，你觉得自己应该怎么办？

王一九：你不规划自己的人生，你的人生就将被别人规划

最近看了一部战争片，影片里的指挥官对战役的每一步都提前进行预判、规划，才能最大限度地取得胜利。其实人生也是一样，你不规划自己的人生，你的人生就将被别人规划。

很多人在25岁到30岁的这段时间里，不断升职，意气风发。但是过了30岁，就会猛然发现，自己已经面临职场上的天花板。等过了35岁，发现自己在职场上的位置开始下降。而过了40岁，即使是总监、CEO这样的企业高管，甚至世界500强的高管，都将面临被离职的风险。

那么，如果你将来在30岁到40岁被离职了，你该怎么办？

答案是提前布局。

假设你现在25岁，就开始打造个人品牌，然后运用职场上的平台，不断地扩大自己的影响力。那么在你30岁之前，你可能已经成为所在行业领域内较具影响力的人物，获得了成百上千的潜在客户。这样你随时都可以辞职创业，而不用担心面临职场危机时无法应对。

06 立志

锦囊 020：立志要入心，种子才能长成大树

问　题：为什么立志那么重要，对个人事业的发展会有什么好处？

王一九：立志要入心，种子才能长成大树

读完《王阳明传习录》已有半年时间了，再次阅读，对于“立志”的感受更深刻了。

王阳明说，学习要先立志，做事业也要先立志。

为什么无论是学习还是做事业，都要先“立志”呢？

因为立志太重要了。有了志向，你才不会感到迷茫，更不会因为过程中的波折而感到焦虑。

我对于立志的体会是，**“立志要入心”**。

找到自己的人生志向，然后不断地去磨炼自己。

有很多人都搞错了，以为立志就是设定一个赚钱的目标。当然，可以设定一个赚钱的目标，但赚钱的目标与立志是两回事。因为赚钱的目标不足以激发你真正的内在驱动力和潜能。

我一个学员做演讲，我说你要立志，“让中国的企业家站在世界的舞台上”。

立志，是立下一个宏大的志向，也是为你的事业种下一颗种子。随着种子的发芽、不断生长，最后长成一棵参天大树。

07 鼓励

锦囊 021：获得鼓励，是提升信心的重要方式

问 题：如果取得了成绩，是应该低调地“自己偷着乐”，还是应该与朋友们分享？

王一九：获得鼓励，是提升信心的重要方式

有天早上再翻看《杰克·韦尔奇自传》，这位“全球最伟大的CEO”说：“哪怕再小的成绩，我都会在团队内庆祝，来一瓶啤酒或一顿晚餐都可以。”

这种庆祝，会让每个参与者都受到鼓励。

鼓励是一种巨大的能量，或者说是一种非常强大的力量。鼓励会帮助一个人极大地提升信心，促使其更加努力前进。

尽管“低调”是中国人做事的传统，但是如果了解到了鼓励的巨大能量，你一定会好好利用这种力量。无论是对自己、对孩子，还是对团队、对朋友，都是一样的。

比如，哪怕你只收到了99元的课程费，也可以在你的微信群里分享和展示。你会获得祝福和鼓励。大家真心地为你点赞，你自然会变得更加有信心。同时，你可以得到更有经验的朋友的关

注、指导和帮助。

获得鼓励，甚至直接的帮助后，你做事会更有动力。相信很快，你就会收到999元、9999元，甚至是10万元一人的课程费了。

我在“一九个人品牌私董会”群内，就把鼓励当作一件事情来做，谁取得成绩就在群内报喜，而看到的人就会发红包恭喜他。在相互鼓励中提升自己的能量，还能从别人的收获中获得灵感。

需要特别说明的是，看到别人的成绩，不要嫉妒，真诚地送上鼓励和祝福。嫉妒只能毁坏自己的福气。因为嫉妒心会使人变得狭隘、无法拥有宽阔的心胸。真诚地鼓励和祝福他人，不仅能感受到正向的鼓舞，更能结交到更多的朋友。

08 优势

锦囊 022：你的优势，是可以后天练出来的

问　题：很多人说，感觉自己没什么优势，感觉很多地方都不如别人，每个人都有自己的优势吗？

王一九：你的优势，是可以后天练出来的

每个人都有自己的优点和优势。

比如你喜欢读书，你的阅读量远高于一般人。不要小看这个优势，用得好就是非常大的优势。

你可以去开设一门“如何有效阅读”的在线课程，分享自己读书的经验。你可以每天读完书之后，拍摄制作一个小视频，发布在短视频平台，来分享自己的阅读体验，分享图书的内容价值。

樊登的优势就是读书啊，樊登读书会他一个人讲就能卖10亿元人民币。

孔子说到四种人：“生而知之者，上也；学而知之者，次也；困而学之，又其次也；困而不学，民斯为下矣。”（图1-1）

有的人生来就知道，这种人极其难得，我们就别奢望了；有

的人通过学习就知道了，这种人勤奋好学；有的人遇到困难了，被迫学习，这有点滞后，但是只要学到了，也非常好。所以你的优势是可以通过后天学习练出来的。

最糟糕的就是最后一种，遇到困难了还不学，只会怨天尤人、抱怨社会。

但是孔子他老人家万万没想到，2500年后，还有一种人，天赋极高，但很懒惰，他的整个人生就是向你证明“不管有多高的天赋，都可以通过后天的懒惰，把它荒废殆尽”。

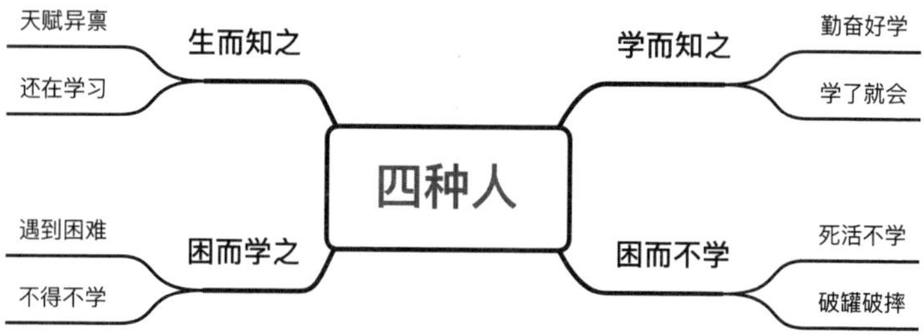

图1-1　孔子所划分的四类人

如果你认为自己好像并没有什么优点，更没有什么优势，那么请每天花10分钟时间，把自己认为当天做得比较好的任何事情记录下来。

请注意，是任何事情，包括：玩手机游戏，打赢了同事；去买东西，用了优惠券节省了很多钱；你喜欢锻炼，身材很好……

一个月之后，将记录的事情做一个梳理，你的优点、优势便跃然纸上了。

比如，你玩手机游戏的水平远远高于你身边的同事、朋友，这就是你的优势。你可以去开设一个游戏解说、讲解游戏技巧的自媒体账号，针对的受众就是你身边的同事、朋友，这样，游戏水平远不如你的人就会向你学习。再如，我有一个学员喜欢健身，身材很好，我就让她做一个课程“带你养成好身材”，然后就带货卖减肥产品、健身用品。

当你把自己的优势展现出来之后，自信心自然就会获得极大提升，还可能会收获自己的副业，甚至将爱好变成事业。

锦囊 023：做自己最擅长的领域，是你最大的优势

问　题：如果一个人有能力、有资源、有资金，那么他最大的优势是哪个？

王一九：做自己最擅长的领域，是你最大的优势

两年前，一个学员来咨询他的个人定位。过去，他做自己专业的事情，就是做餐饮，发挥得非常好，赚了不少钱。有钱之后，就去做了智能设备，以为那会更赚钱，结果“非常努力”地做了几年时间，把赚的钱又亏掉了。

不管你有多大能力、有多少资金，还是有多少人脉资源，只要你偏离了自己的优势，你的能量很快就会下滑，就不再有优势。

我建议他回到自己擅长的领域，对自己熟悉的领域进行深耕，结果没过多久就又开始赚钱了。

人比较容易在两种情况下做出偏离自己的优势特质的选择：

1.生活所迫，只能做稳定的工作，而不敢跳槽，不敢创业，不敢去做自己具有优势特质的事情。

2.赚钱了，膨胀了，觉得自己能做很多事情，就跑去做了别的事情。

第2种情况，往往损害最大。不仅会走很多的弯路，亏钱又浪费时间，还会荒废原有的生意或技能。

很多企业老板最喜欢干这种事情。我一般会建议他们回到原来的主业，深扎根、多创新。如果需要互联网，就结合互联网；如果需要AI技能，就购买技术，而不是自己跑去开发AI。

《道德经》中说：**“不失其所者久。”意思就是不要失去自己的根本才能长久，才能长盛不衰**。

锦囊024：弥补短板，不如发挥优势

问　题：如何才能改正自己的缺点，让自己更进一步？

王一九：弥补短板，不如发挥优势

每个人都有缺点，或者说在某些方面存在不足。但同样，每个人也都有着自己的优势。有的人喜欢思考，有的人擅长写作，有的人沟通能力强……

如果你的缺点不是根本性的问题，也就是说不会对目标的实现产生根本性的影响，那么从策略上来说，发挥自己的优势，并且将优势发挥到极致，才是你的最佳选择。

比如，你的目标是成为一位销售精英，业务方向是面向普通消费者，却在沟通能力方面存在不足：不好意思与客户讨价还价，不敢拒绝客户的不合理要求…… 那么沟通能力不足，就是根本性的问题。

如果想要实现目标，就必须解决这个问题，提升自己的沟通能力。如果与客户都无法有效沟通，又何谈销售呢？

那么，如果你的不足是英语不好、不会做PPT、文案水平不高等，而优势是为人真诚、有亲和力，你就完全可以暂且忽略自己的不足，而全力去发挥自己的优势。

每个人都有缺点或不足。那些成功的人自然也一样有缺点、有不足。你可以想想身边的成功者，你就会发现，他们的成功往往是因为将自己的优势发挥到了极致。

很多人急急忙忙地学习各种知识，想要弥补自己的各种不足，想让自己成为一个全才。可是学习的很多技能，本就不是自己喜欢的，更不是自己的优势所在，结果就是把自己搞得忙乱不堪，看着很努力，但其实毫无成效。最后只能是短板没补上，优势也没有发挥出来。长此以往，优势也会被自己埋没了。

所以，**我们要分析自己的优缺点，然后以发挥优势作为方向**。

拿出纸和笔，盘点一下自己的优势。那些你喜欢做、擅长做的事情，就是你的优势。

然后，放大自己的优势，也就是多做能够发挥优势的事情，将自己的优势发挥到极致。

|第二部分|

开启定位

01 定位

锦囊 025：理解人生定位的 3 个阶段

问　题：对于自己的定位总是犹豫不决，应该怎么办？

王一九：理解人生定位的3个阶段

有人担心自己的定位会产生错误，所以迟迟下不了决心；又有人听说要“多维度探索”，结果自己一直探索，尝试了很多行业，直到30多岁还没有定下发展方向。

那么，人生的定位到底应该如何做呢？实际上，究竟哪个个人定位是对的呢？其实定位也是分阶段的。

第一阶段：先探索

如果你刚刚二十四五岁，确实不知道自己适合做什么，那么你可以花些时间，去探索自己人生发展的多种可能性。比如，做做销售、写写文案、学学演讲、炒炒股票……

一旦当你发现自己对哪件事情产生了浓厚的兴趣，就可以投入更多的时间，去深入探索。

第二阶段：定方向

等到二十七八岁，最多三十岁的时候，你应该已经知道了自己擅长做什么、喜欢做什么了。这个时候就应该确定下自己的发展方向，而不是左右摇摆、前后纠结。

三十而立，很多人往往将这句话理解为三十岁要有所成就，这里的“立”就是确定自己的人生方向，也就是定位。

比如，经过前几年的尝试，你发现从事过的几种工作中，最喜欢也最擅长的是文案写作。那么就把方向确定为文案写作，然后深入地去学习各种文案的写作技巧。有人可能在想，难道别的东西都不学了吗？也不是，而是你定下了一个方向，就要以这件事为主，去深入地钻研打磨，你的主要业务范围也要在这个领域，而对于别的领域可以广泛涉猎。

我自己是做个人品牌咨询的，我就集中精力去做与品牌有关的事情，但是我也去学习投资，学习商业模式，学习管理，但是绝对不会开一堂管理课，也不会开一个投资课程。

第三阶段：再细分

当你在已经确定的方向上深耕了一段时间之后（不同的行业、不同的人，所需的时间也不同。有的可能只需要3个月，有的可能需要3年或5年），你会发现哪个细分领域更适合自己，也更有价值。

这个时候，你就可以再去进行定位上的细分，以让自己的专业更加精练。

比如，写文案可以细分成营销文案、品牌文案、朋友圈文案等。

4年前，我让一个学员定位为“朋友圈文案”，那时候很少有人做这个，他很快就脱颖而出了。那么现在，还能不能细分定位于“朋友圈文案”呢？答案是可以的，今年我有个学员让她定位为“营销型朋友圈文案”，在文案的基础上再往前走一步，把营销思维更加深刻地增加到文案中，又在朋友圈的众多人中脱颖而出。你还可以再次细分，比如做“企业朋友圈文案代运营”。

所以，你不必担心所要定位的领域有竞争对手，如果一个领域没有竞争对手，那么大概率说明这个领域的需求非常小。定位是“定”出来的，而优势和口碑是“做”出来的。

锦囊 026：让自己与众不同，就找细分定位

问　题：打造个人品牌，如何才能找到并提炼出自己的特色，让自己与众不同？

王一九：让自己与众不同，就找细分定位

比如，做社群营销，你可以定位为餐饮行业社群导师，也可以是服装行业社群导师，还可以是教育行业社群导师，这是找细分的行业。每一个行业，都有巨大的潜力，当你成为一个行业的知名人士，别人就无法和你竞争。

在深圳有个人专门做教育行业社群运营的，很多培训机构都找他代运营，他的收益非常高，甚至比做大众行业的社群运营收益还要高。

你可以从功能入手。

比如，你是做瑜伽培训的，而很多瑜伽老师的定位都是雷同的——瑜伽老师。你可以定位为美腿瑜伽、提臀瑜伽、减肥瑜伽、天鹅颈瑜伽。这样一来，你就会在众多瑜伽老师中脱颖而出。

2018年，我就见过有个瑜伽师在网上做了一个美腿瑜伽课，销售了几万份，销售金额达几百万元。

这两点是从行业细分和功能细分入手，90%以上的技能都能找到细分领域。

另外，你也可以**从个人的特点上来挖掘和打造自己的个人品牌特色**。

有的人活泼有趣，有的人沉默稳重；有的人善于搞笑，有的人善于静思。你可以从自己的性格特点着手，请身边的朋友帮你总结出自己身上的3个特点，然后从中选择最适合自己的。

比如，如果你喜欢读书，可以定位为一个“善于读书的减肥瑜伽师”；如果你善于登山，可以定位为一个“喜欢登山的瑜伽师”。

将自己的优势发挥到极致，就是自己最大的特色。

你无须强迫自己成为别人，发挥出自己的优势就好。

锦囊027：定位的市场空间，决定了你的变现能力

问　题：做个人品牌，什么样的定位最有利于变现？

王一九：定位的市场空间，决定了你的变现能力

有的人技能很强，也很努力，但是收益却很少。但有的人看

起来并不是特别努力，收益却很多。这是为什么呢？其实就是定位的问题。

定位决定了你的努力和收益之间的比例。

比如，要登一座山，有两条路：一条是近路，距离5千米，并且路途平坦，容易前行；另一条是远路，距离20千米，并且道路泥泞，步行艰难。

个人的定位，与选择走哪条路是一样的道理，或者可以说，**你的个人定位，就是选择你要走哪条路**。

有的定位容易变现，有的定位想要变现则非常困难。一个易于变现的定位，有五个维度。由于篇幅有限，这里就分享其中最重要的维度中的最重要的一个点。

这个点就是**市场空间**。

易于变现的定位，在市场空间大的领域比较容易变现，在市场空间小的领域不容易变现。那么，你怎么知道市场空间的大小呢？

这就要看你对于市场的认知了。有的人会根据周边朋友的反馈来判断，有的人会根据当地市场来判断，有的人会根据全国市场来判断。同时，要依靠专业的工具来进行辅助判断。

你来思考一下，你现在的定位，市场空间大吗？是不是最有利于变现的？

关注公众号“王一九”，回复“秘密”，领取一份关于定位的“秘密案例文件”。

锦囊028：不同的赛道，收益天壤之别

问　题：定位的领域不同，会导致收益差别巨大吗？

王一九：不同的赛道，收益天壤之别

有四个人，都是初中毕业。

A.老家种田，一年能赚2万元。

B.开滴滴专车，一年能赚10万元。

C.开美发店，一年能赚100万元。

D.开美容连锁店，一年能赚1000万元。

同样的学历，工作最辛苦的人却赚得最少，工作最轻松的人却赚得最多。在低纬度的赛道，无论你多么努力，收入都是非常有限的。

我认识一个写自媒体文案的女孩，每天写，文章很长，但就是赚不到钱。

我还认识一个写销售型文案的女孩，1996年出生，性格内向，不太爱跟客户沟通，但一篇文案能卖5万元，她自己的课程都卖了1000多万元。

她们两个人都擅长写，花费的时间也差不多，但为什么差别却这么大呢？

看似做同样的事情，其实选择的是不同的赛道。自媒体文

案专员卖的是写作技能，按照篇幅和文章数量收费，1篇文章收2000元都算是高的了；销售型文案是直接帮客户卖货，一篇文案如果卖100万元的货，客户给5万元也并不觉得多。

我去年认识了两个做培训的朋友，一个人是做销讲培训，另一个是做股权融资培训，他们都买了别墅和豪车。

我还有两个做员工技能培训的朋友，他们拿着高级白领级别的收入，但与做销讲培训和股权融资培训的那两位相比，其收入差距至少是20倍！

这是因为花费的时间和精力相差巨大吗？

不是的，他们的工作时间基本上是差不多的。

你可能会想，这是因为对技能的要求不同吗？

也不是的！

你想一想，做员工技能培训，一场培训客户愿意付多少钱？大概几千元吧；而做销讲呢？能收几万元，我有个学员是商学院的董事长，他在广州做企业老板的销讲培训，10万元一个人。在深圳还有一个人做销讲培训，27万元一个人，去听课的都是企业老板。不同的定位，其商业价值差距是巨大的！

那么如何找到高价值的定位？请放大自己的心量，站到更高的维度上去做决策。

锦囊029：越是犹豫不决，越会迷茫焦虑

问　题：因为总是担心自己的定位会选错，所以在定位的选择上一直犹豫不决，怎么办？

王一九：越是犹豫不决，越会迷茫焦虑

我有一个学员，他既想做社群营销，又想写文案。他既担心做社群营销没有写文案那么赚钱，又担心有一天社群营销会过时。

可是写文案，他既担心自己的文采不好，又担心现在公众号已经是红海市场了，竞争太激烈。

他做了一段时间的社群营销，觉得很琐碎，不想整天盯着手机看，就又去写文案。

他写了一段时间，发现收益并不高，不仅没有如别人所说的轻轻松松一篇稿子阅读量10万+，更没能通过一篇稿子卖出100万元的产品。

于是，他又想去做外贸，就去请教做外贸的同学。同学说自己已经做了很多年的外贸，想要做好，不仅需要长期的积累，还需要大量的资金，而且需要精通英语……不用说，他又放弃了做外贸的想法。

三年过去了，他眼看着身边写文案的朋友已经有了几十万粉丝，做社群的朋友已经年入百万。而他仍然在做社群营销和写文案之间纠结、犹豫、徘徊，结果更加迷茫和焦虑了。

其实，无论是做社群营销、写文案，还是做外贸，都有做得

很好的。

坚持做三年的，都会小有成就；坚持做五年的，事业蒸蒸日上。

但是很多人毕业五年，甚至十年，都没有坚持把一件事情做两年。有的人虽然坚持了五年，但只不过是表面上的坚持，每天大部分时间都在犹豫、纠结，而真正全力以赴的人，每天则投入十小时在一件事情上。

无论是做社群营销，还是写文案，都没有人一开始就能招募到千名学员，一开始就能写出阅读量10万+的文章。

人与人之间，相差的往往不是能力，更不是智商，而是坚持。如果能够让自己的心安定下来，再有种豁出去的心态和不死不休的精神，你就能成为那1%的人。

锦囊030：定位不清，是最大的资产损耗

问　题：总是纠结自己的定位，犹豫徘徊很久都没能确定下来。等到确定后，又很久都没有采取行动，该怎么办？

王一九：定位不清，是最大的资产损耗

有个做女性教育的人向我咨询，她从事女性教育领域十多年了，年入也近百万元了，开设的课程有情绪管理课程、亲子关系课程、亲密关系课程等。她告诉我，她的课程不仅体系健全，内容也很好，可以让更多的女性更幸福，她谈得特别兴奋。

但她纠结犹豫了很久，觉得自己的定位不清，但又说不上来到底是哪里有问题。

现在，也有很多别的女性教育机构找她合作，她想在提供课程的同时，后期也能销售很多的女性美容、减肥、精油等产品。

她问我，这样规划是不是就很清晰了？

我说："你这样做太贪心了。"我跟她分享了一个台湾地区做情绪管理的老师，只做情绪管理，一年有几千万元的收益。你一个人想做这么多事情，一定无法做到极致专业，而且销售产品也是到一定阶段才能做的，否则会很分心。

很多人的能力很强，会很多东西，看似年入百万，但和同级别的人相比，他们是付出很多，却收获很少。而且往往被各大平台挖来挖去，自己感觉很荣耀，但其实只是一个"快刀杀手"，被人用过即弃。

能力很强，会得很多，却不如别人的一个简单的技能赚得多，岂不是很亏？更亏的是，没有终生的品牌累积，年龄越来越大，路却越走越窄。而那些定位清晰的人，坚持10年、20年，不断地累积自己的品牌价值，最后成为身价不菲的人，而收益会比前者高10倍乃至100倍。

很多人犹豫不决的根本原因是，没有正确地认识定位的核心意义和巨大价值，因此才左右徘徊。

也有一些人，定位很清晰，也行动了，却是浅尝辄止，刚刚试了一下，就问："怎么没有效果呢？"然后就停止了。

这其中，有的人是因为短期内赚钱不多，想去赚快钱，又倒退回去了；有的人是感觉做起来很吃力，不想太辛苦，想去赚容易的钱；还有的人是被亲朋好友劝回去了……以上种种，其实都是没有深刻理解定位清晰的意义。

不明白这个定位的流程怎么走，不知道如何达到从0到1，再从1到9。

定位就是人生最重要的战略。不仅要花时间找到它，而且要清晰地设计出行动流程，才是有效的定位。

02 概念

锦囊 031：没有概念的提炼，就没有连锁式口碑传播

问　题：为什么打造个人品牌，需要“提炼概念”？

王一九：没有概念的提炼，就没有连锁式口碑传播

什么是提炼概念？

提炼概念就是把你的知识体系或产品内容或个人价值等，通过几个简洁、有力的字词高度概括出来。

雷军的“互联网思维”，就是一个非常容易传播的概念。具体的内容被提炼成7个字：“专注、极致、口碑、快”，每个词都有相对应的方法、体系，并把这个概念落到了实处。

很多人也会提炼出“专注”“口碑”这些概念，但并没有相应的内容作为支撑，那就只能是几个空泛的口号了。

提炼概念不仅有利于个人品牌的传播，更便于受众理解和记忆，它是传播自己的观点、理念的最好方式。

但是你所提炼的概念，必须要有具体的内容作为支撑，否则

就只能是空喊口号，而无法产生实际效果。

比如，对于个人品牌定位，我提炼出了一九个人品牌“定位金字塔”体系（图2-1）。“金字塔”是大家所熟知的词语，所以非常容易记忆。具体内容包括5个层次：

第一层是愿景；

第二层是定位；

第三层是标签；

第四层是形象；

第五层是故事。

每一层，都有具体的内容和详细的做法。

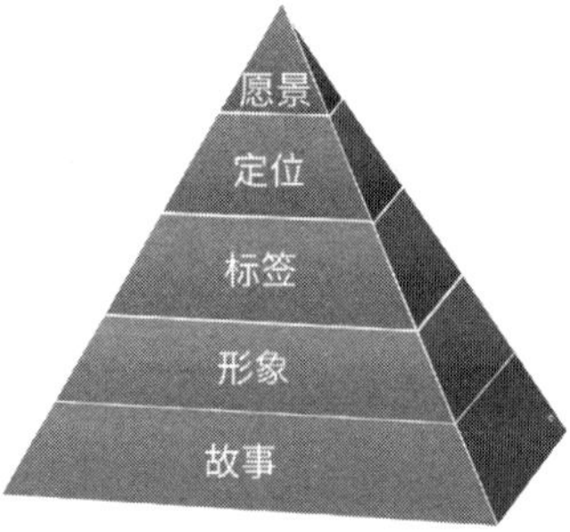

图 2-1　一九个人品牌定位金字塔体系

再如，我的第一本书《从0到1打造个人品牌》，书名就是一个提炼出来的概念。同样地，书中有一整套通俗易懂又易于应用的打造个人品牌的方法体系，读者可以边读边去实践、应用。

03 产品

锦囊 032：打造个人品牌，需要有特色产品助力

问　题：在总裁十人饭局上，有个做礼品生产的企业家说利润急速下滑，维护客户关系非常难，听完创始人打造个人品牌的分享后，他也想打造自己的个人品牌来提升产品的价值。你觉得他应该如何打造自己的个人品牌呢？

王一九：打造个人品牌，需要有特色产品助力

我有个朋友也是做礼品的，他有一款礼品是笔记本，过去可以卖到30多元，现在由于竞争对手增加了，只能卖到15元，利润非常低。

他问我有没有办法，能让客户不讨价还价，还能卖上高价？既能让客户离不开，还能让连锁书店、银行、世界500强公司主动来合作？

我告诉他，答案是有的。

未来的礼品只有走文化路线，才能实现长久的盈利。

我举了个例子，“趁早”的笔记本卖69元一本，我买了至少

10本，每年都买。就是因为“趁早”的创始人王潇把笔记本的文化内涵做得十分丰富。

她赋予了笔记本两大新的功能：

1.“灵魂管理”——时间管理

告诉你，如何在笔记本上做自己未来50年的人生规划。每年规划，每日规划。

2.“肉体管理”——健身管理

告诉你，如何在笔记本上进行健身计划，把身体“修炼”好。

这样，笔记本变成了“灵魂与肉体”的管理者，而不再是一本简单的笔记本了。

她说，进行时间管理是一生的事情，所以未来50年，每年你都应该买一本这样的笔记本，对你的灵魂与肉体进行管理。而且你应该给每位员工都配备这样的笔记本，让他们做好时间管理，以提升其工作效率。

你看，她赋予了笔记本文化价值，所以能不仅卖得贵，而且卖得久，还让你给每位员工送一本笔记本。

听完我举的例子之后，做礼品的朋友茅塞顿开。

具有文化价值的产品，自然会有高价值，并且会为打造个人品牌提供非常大的助力。

打造个人品牌不是“想不想”的问题，而是在市场竞争越来越激烈的情况下，每个创业者都必须要做的事情。但是不能只单纯地打造个人品牌形象，还要赋予自己的产品独特的文化价值，这样才能使个人品牌形象更具体、更生动，从而更好地提升利润额，实现更长久的销售。

04 穿着

锦囊033："超1个级别"着装法，让你一看就是精英

问　题：为什么有人穿的是高档服装，但别人还是觉得"土"？

王一九："超1个级别"着装法，让你一看就是精英

我们身边不乏这样的情况，有的朋友明明穿的是高档品牌，别人却以为是杂牌，或者以为是"山寨货"。

往往有以下两个原因：

一是虽然是高档品牌，但与自身气质不搭。那么再贵的服装，也穿不出好的效果。

二是远远超出了自己的经济能力。比如，一个月薪只有五千元的新人，穿了一身售价几万元的奢侈品牌，大家很容易认为那是"高仿"。

因为他的收入远远不足以支撑这样的消费水平。即便是因为家庭条件优越，穿得起奢侈品牌，从工作层面来说，也没有实际意义，反而会产生负面的影响：上司和同事都会认为他只是来"玩"的，不会认真地工作。毕竟他一个月的收入，还不够买半条

裤子。

当然，一个人的外在形象是非常重要的。特别是在外出洽谈合作时，第一次见面，对方无法一眼看出你的才华，只能通过你的外在形象在心里做出评估。

那么在职场上，应该如何穿着呢？这里分享几个小方法。

1. 超 1 个级别

超1个级别，即提升一个穿衣层次。

如果你现在是经理，就可以按照总监的标准来布置穿着。比如，你的月收入是10000元，过去你购买一件外套的预算可能是100元左右，那么现在可以按照3500元左右的标准来购买。

如果你现在是中小创业者，年营业收入是1000万元左右，那么你对自己的要求就要高一点，这时你可以给自己添加一些名牌的、有品质的服装。让人看上去，觉得你是一个精英阶层，而不能再保留过去的类似于帆布鞋、牛仔裤这样的穿衣搭配。

2. 品质重于数量

比如，你过去买衬衫，是按照500元左右的标准，大概一年要买5件。那么现在就少买两件，去买1000元一件的衬衫。

坚持“少而精”，虽然数量少，但每件都是品质更好的服装。这远胜于拥有一大堆低品质的衣服，以免外出去商务场合，却没有几件能穿得出去的。

05 沟通

锦囊 034：“怼人”不如提升自己

问　题：上司总是提出不靠谱的想法，是默默忍受，还是怼TA？

王一九：“怼人”不如提升自己

我以前在做品牌咨询的时候，遇到很多老板，常有人提出不靠谱的想法。比如，“我们公司要做行业第一名”，可是他都不知道第一名长什么样，需要多少销售额，需要什么样的人才架构，需要什么样的技术能力……

还有的老板会说：“我们公司做这件事，可以整合很多协会、商学院的资源。”可是他根本没有考虑对方会不会同意，以及自己有没有整合别人的资本和能力。

为什么他们会有这样不切实际的想法呢？

从表面来看，是因为急功近利、太浮躁，被很多互联网概念和所谓的成功学所迷惑。

实际上，根本原因是认知问题。

认知有限，自然容易被迷惑，会因此做出不切实际、不符合规律的计划和目标。

当然，也存在这样的可能：上司的想法并非不靠谱，而是你的认识存在局限，不能完全理解。

所以，我们首先要做的是，不断地提升自己的认知水平。

只有这样，才能分辨清楚对方所提出的想法是否靠谱，最终才能给出合理的意见和建议。

另外，即便上司或客户提出了明显不靠谱的想法，我们要做的也不是“怼回去”。

怼人的事情，坚决不要做。

因为怼人不仅无法让你获得自己想要的结果，还会让事情变得更糟糕。有人说，怼人是“对事不对人”，我认为这大错特错。事是人做的，对事就是对人。

当然，不怼人也不是要你默不作声。沉默是一种消极的反抗，是一种冷暴力，不仅对别人没有好处，也会阻碍自己进步。

那么应该怎么办呢？

积极提升自己的沟通能力。

通过正面沟通，让事情得到解决，并且对方也会感受到你的诚意。总之，如果你想解决一个问题，最好的方法不是怼回去，而是寻求一种双方能够接受的沟通方式。因为你要的结果并不是“两败俱伤”，而是解决问题，实现双赢。

所以沟通不是为了说服，而是一起行动。

在辩论赛上，“赢”是目标，但是很多人会将这种“赢”的思维带到日常沟通中。

然而，日常沟通不是辩论赛，**沟通的目的不是讲对错**。

在辩论赛上，你赢了可以获得名次，而在日常工作中与人沟通，**往往你赢了辩论，却输了合作**。

沟通不是说服，而是让对方理解你的行为，然后与你一起行动、一起合作，实现共赢！

06 能量

锦囊 035：能量与技能一样重要

问　题：你身上有哪些正能量？这些正能量为你带来了什么好处？

王一九：能量与技能一样重要

一个人成就的大小，不仅取决于其技能的高低，还取决于其能量的大小。

这里所说的能量，就是正能量。

很多人忽略了能量，而仅仅在技能上下功夫。

如果一个人身上充满了负能量，即使他的技能再强，也不会有好的效果。比如，一个企业老板，他的销售技能很强，产品也很好，但他总是觉得人心险恶，总是认为客户要“占他的便宜”，不想让他挣钱，总是觉得人都是自私的……

那么他给客户的感觉就是消极的。一个消极的人，如何带来美好的服务呢？同时，客户会认为他是自私的、投机的、不专心的。那么客户还敢与他合作吗？

哪些能量是正能量呢？

比如，利他、慈悲、早起、坚持、专注、帮助、回馈、诚信、感恩……

对于“一九个人品牌私董会”的学员，除了以上内容之外，我还会一遍又一遍地强调“诚意”“正心”两点。

我也在坚持几个正能量的习惯，虽然我无法100%做到，但也想跟你分享一下：

1.坚持。比如，坚持写“每日一问”、坚持每日运动。

2.利他。每次与身边的人聊天，或与学员聊天，我首先想的就是如何能帮助到对方。

3.心怀善念。凡事心怀善念，心存感恩。

4.打磨技能。每年看100~200本书，外出学习至少花费几十万元。

5.专注。专注于个人品牌领域。

坚持上面这几点，给我带来了非常大的益处：

1.让我的事业顺利起来。

2.让我更加坦然地面对一切。

思考一下，你有哪些正能量的习惯要加强，有哪些负能量的习惯要戒除呢？

07 时间

锦囊036：像支取金钱一样，“支取”时间

问　题：你是如何安排一天的工作时间的？

王一九：像支取金钱一样，“支取”时间

问你一个问题，你的朋友让你给他10万元，你会给吗？（是给，不是借）

你会说：“凭什么啊？我又不欠你的。”

你一天的工作时间是8小时。很多时候，一不小心，你的时间就被别人取走了。

可是，如果你银行卡里放着80万元钱，你是不会轻易给别人的。

你看，你的钱是不会轻易给别人的，那么为什么你的时间会轻易地被别人取走呢？

有时候不是被别人取走了，而是被泡沫剧、抖音、麻将取走了。

如果说金钱对我们很重要，那么无论从哪个角度而言，**时间**

都是比金钱更重要的资源。

因为你的金钱都是依靠时间所积累的。无论员工通过时间来换金钱，还是企业主通过生产产品来赚钱，时间都是前提条件和根本要素。

我们要像支取时间一样，认真“支取”每一分钟时间。

那么，如何来对时间进行“支出”计划呢？

上午的时间相对短一些，并且是一天工作的起点，可以安排处理当天比较紧急的事务。我们可以按照30~60分钟为一个时间段来做计划。

下午则可以按照1~3小时为一个时间段来做计划。比如，可以安排一项需要集中2小时或3小时才能完成的工作，然后计划两项各需要1小时来完成的工作。

大块大块地使用时间，就像你的钱要零存整取一样，一次办一件大事。

同时，为了增加你的时间，你可以选择早起。

我是每天6点起床，开始写作，然后运动，就比那些8点起床的人，多了2小时的时间。

我的这本书，就是在很多人还没有起床的时间里写出来的。

我跟一九个人品牌私董会的成员开会，都是在早晨7点，他们会被迫早起，每开一次会，我们就赚了1小时。

思考一下，你过去有哪些时间是被别人偷走了，你打算如何“支取”你的时间呢？

08 社交

锦囊 037：礼物不在于贵重，而在于用心

问　题：与人交往，免不了礼尚往来。那么送礼物是不是越贵重越好呢？

王一九：礼物不在于贵重，而在于用心

年初的时候，我去一个朋友家做客，她知道我喜欢吃面食，便提前让保姆蒸了一大锅馒头，让我走的时候带上。

上周日，又去她家做客，她专门为我煮了面条。在我临走的时候，又特地拿出了一箱速食面条，让我带走。

当然，我也会经常准备礼物给朋友。我的礼物大多是书，发现朋友需要什么书，就会主动带给她。

面条和馒头都不是很值钱，却是非常用心的礼物。而书也不贵重，却是更有价值的礼物。

所以礼物不在于贵重与否，而在于是否用心。用心的礼物，才能体现你的诚意，才能打动人心。

锦囊 038：越慷慨，越富足

问　题：为什么喜欢占便宜的人没有变富，反倒是那些慷慨大方的人，过得越来越富足？

王一九：越慷慨，越富足

你是不是发现：身边事业发展得比较好的人，大多慷慨大方，乐于助人；而那些斤斤计较，凡事只想着占便宜的人，往往都发展得不太理想？

很多人误以为，正是因为他们事业有成，所以才会慷慨大方。而事实上并非如此，那些事业有成的人，很多一开始也是白手起家。但他们为人大方，做事不斤斤计较，所以身边的朋友越来越多，因此资源也越聚越多，最后事业自然越做越大。

有一次，一个老同事跟我说，她的一个闺密和她一起吃饭时，从来不埋单，时间久了，她也不乐意跟那个闺密来往了。而这位老同事的资源圈很广，之前给了那个闺密很多帮助。

你看，这个闺蜜因为爱占便宜，不仅失去了好朋友，也失去了很多发展的机会。如此为人处世，身边的朋友自然就会越来越少，路也会越走越窄。

做一个慷慨的人，不是要你大手大脚地花钱，也不是因为你请一个朋友吃大餐，他就会为你带来业务。而是一颗慷慨的心，会让你做人做事更加自信，带来更多的正能量，自然有更多的人乐于与你合作。所以越慷慨的人，内心就越富足。而一个内心富足的人，就会更加富足。

09 学习

锦囊 039：免费的东西，才是最贵的

问　题：为什么说学东西一定要交“学费”？

王一九：免费的东西，才是最贵的

有一件很神奇的事情。比如要学习一项技能，网上有很多免费的教程，但大家往往还是会选择找老师付费学习。

从表面上看，这好像是因为人的“本性”——认为免费的东西是没有价值的，所以不会在意。而只有当付费之后，才会对其更加重视。

实际上，往往免费的东西，其价值也确实是有限的。因为在一定程度上，付出与收获是成正比的。

还有一个更为重要的原因是，你自己去看一个免费的教程，结果看来看去也看不懂。而如果由老师直接来教，你会发现困扰你很久的难点，老师用一句话就能让你马上明白。

还有可能是，你看了一遍教程，就以为自己懂了，至少也觉得自己掌握了80%的知识，其实真正掌握的可能连20%都不到。你以为学会了，其实你什么都没学会。

另外，通过付费学习，能够认识更多朋友，链接更多的资源，获得更多的合作机会。比如，我的“一九个人品牌私董会”里，就有几个学员通过这个圈子，产生了几百万元的销售额。

这也就是所谓“免费的东西，往往是最贵的”的原因。因为看着好像是占了便宜，但实际上你浪费的是自己的时间，以及更多的机会。

锦囊 040：没有方向的学习，就是玩物丧志，而且丧钱

问　题：有的人为什么学习了很多课程，还是没有实现变现的目标，这中间到底缺失了哪一个重要的环节？

王一九：没有方向的学习，就是玩物丧志，而且丧钱

为什么很多人学了很多的课程，看了很多的书，却离自己变现的目标还是很远呢？

因为他们连方向都没有搞清楚，所学的东西都不知道如何去应用，又何谈变现呢？

比如，很多人都去学习抖音运营，却连自己要在抖音上讲什么主题、卖什么东西都没想好。

假如你擅长做养生茶，那么可以把方向定位于养生，学完运营的技能后，就可以在抖音上分享自己的养生经验，然后销售养生茶。

具体来说，就是你应该围绕养生这个方向来进行学习，围绕

如何销售养生产品来学习文案、销售等技能，这样才能有效地提升产品的销量，才能有效变现。

如果学习的方向都不清晰，学得越多反而会愈加焦虑，那么没有方向的学习，自然也变成了一种消耗。

没有方向的学习，就如同打游戏一样，就是“玩物丧志”。在如今的知识大爆炸的时代，许多人患上了“知识焦虑”症，变成了“学习狂人”，到处去学习各种课程。看似学了很多东西，但都是学个一知半解，自己都不知道自己想做什么。

这种忙乱的、没有方向的学习，不仅是“玩物丧志”，而且“丧钱”。

有的学员会说，一九老师，我学了很多课，感觉都没有用。

我说，你现在的定位都没有确定，就好比你要盖一座房子，现在连盖什么样的风格都没想好，客厅、卧室的面积都没确定，就每天去家具市场买沙发、茶几、餐桌、衣柜、地毯等，这不是本末倒置吗……

因此，并不是说不能博览群书，而是当你明确了自己的学习方向后，你才能知道自己首先要学的是什么，才不会忙忙乱乱，才能专注起来，不断有所收获。

而且，当你明确了学习方向之后，博览群书才能发挥其拓展知识面的价值。

锦囊041：找到顶尖高手，全方位地对标学习

问　题：如何成为一个行业“大牛”？如何理解“对标学习”？

王一九：找到顶尖高手，全方位地对标学习

对标学习法就是找到一个可对标的顶尖高手，来模仿学习。

对标学习不是去学习很多人的优点，也不是只学习一个人的优点中自己认为好的方面，而是全方位地向一个人学习。

有人可能会说，我只需要学习他好的地方就行了，为什么要全部都向他去学习呢？

这是因为当你的认知还不够高的时候，就无法分辨哪些地方是好的、哪些地方是不好的。只能按照自己现有的认知水平去区分优劣，那么就有可能混淆，以为学的是好的，其实不然。

而全方位地对标学习，就是先全部学习，当自己的认知水平达到一定程度，自然能分出优劣，然后择优而用。

对标学习这个方法，其实我们小时候都在用，比如临摹字帖，就是对标学习。

很多知名的企业采用的也是对标学习。华为曾经花费了20亿元学费，向IBM学习。内部有人提出质疑，说世界上有很多先进的管理理念，为什么只学IBM呢？

任正非的观点是，如果什么管理都去学习，综合起来一抵消就是零。所以先只向一个顾问学习，只学一种模型。

还有，雷军对标学习乔布斯，连发布会的穿着打扮，都模仿乔布斯。

我在做品牌咨询的时候，找到了一位行业里的顶尖“大牛”对标学习。我先是模仿他的方案，连PPT的排版都完全模仿学习。因为我知道，如果要参考很多人的PPT，每个人的优点都取一点，那么最终只会把自己的PPT做得乱七八糟，什么都不像。

在品牌领域，我向华杉老师对标学习，我觉得他是品牌营销咨询界的大咖，他的课程我都报名，线上线下都报，每年都报。他写了好多本书，我全部买，不是一本一本地买，而是每本都一箱一箱地买。

我的学员及身边的朋友每人赠送一本，甚至几本。我觉得他的理念能帮助到身边的人，就赠送给他们看，而且我在授课、直播中，甚至在目前写的书中都会传播他的理念。比如，他坚持“不说谎、不夸大、不骗人”，坚持“走正道就是不走弯路”。

为什么呢？因为赠人玫瑰，手有余香啊！

另外，对标学习，最好是能见到对方本人，深入地向其学习，观察对方做事的方法和逻辑，才能学到精髓。

锦囊042：向有成果的老师学习，选择解决问题的课程

问　题：网上的课程那么多，如何才能准确地找到适合自己并有效果的课程？

王一九：向有成果的老师学习，选择解决问题的课程很多学员都有这样的困惑：不知道如何选择课程；一年花了几万元学习，却没有实际效果。

结合实际，我觉得有以下几种解决办法。

1. 选择有成功经验的老师

如果你想学习一件事情，那么最好的办法就是向有成功经验的人学习。

比如，有不少人在讲“如何做线上课程”，但如果课程老师本人都没有做出过受欢迎的线上课程，那么你听他的课程，很可能就会被误导。哪怕只是一个内容点的误导，可能也会让你多走半年弯路。

我开设了《个人品牌课程》，因为我做了16年的品牌咨询，为企业做品牌比为个人做品牌要复杂很多倍，算是降维，所以能站在更高的纬度做到全面系统。最近几年一直带学员，每一个案例都是实实在在的，我所分享的都是自己的实际经验，除了成功的经验外，还有遇到的各种问题、跳进的各种坑，我也会讲。

2020年新型冠状病毒肺炎疫情期间，有粉丝希望我讲“企业如何面对危机”，他们说这样可以更快地吸引粉丝。我说这不是我的专业，我只能搬运些知识，这样很可能会误导别人。于是，我专门邀请了华为前全球行政管理服务总裁姜晓梅老师，请她来讲面临重大危机时，企业应该如何应对。因为她在华为24年，遇到过很多危机，最有资格讲这方面的课程。

所以选择老师，要看他自己是不是按照自己的理念在做，他有没有多次的成功经验。

2. 选择解决当下问题的课程

针对你目前遇到的问题，去学习能快速解决这个问题的课程。

比如，你现在的定位不清晰，明明有一技之长却不知道如何变现，那么就去学习如何定位。

但如果你现在去学习了一个演讲的课程，虽然也很有用，但并不是你现在迫切需要的，那么首先这会耽误你解决问题的时间；其次，学了演讲之后，在短期内不能实践和应用，时间久了，所学的内容也就忘记了。

比如，你刚刚开始创业，想要学习管理课程。一个课程的老师是管理专家，有很多500强企业管理培训的案例；另一个课程的老师是一位成功的创业者。那么，哪个老师的课程对于你而言才是更有效的呢？

答案是成功的创业者。

管理专家是侧重于研究，课程会更系统，也更宏观。当你的创业达到一定规模后，可能会更适合你学习。而成功创业者的课程，则更贴合你目前的情况，课程的内容更具实操性，参考性和实用性也会更强。

锦囊 043：输出数量倒逼输入数量，输出深度倒逼输入深度

问　题：如何才能输入更多更有深度的知识呢？

王一九：输出数量倒逼输入数量，输出深度倒逼输入深度

“输出数量倒逼输入数量，输出深度倒逼输入深度”，这句话乍一看，有些绕口，不太好理解。

“输出”就是用你所长去教别人，向别人传授你的知识。这其实是一种主动的学习方式，只有这样做，你才能收获更多。

为什么这么说呢？我举个例子。

比如，你在某方面有所长，你将自己的所学向外“输出”。但学员咨询了你一个更高阶的问题，这个时候，你能回答“我也不知道”吗？你肯定不好意思这样去回答。

你会赶快去翻书，去找更厉害的人学习，然后将自己的理解告诉学员。这中间的一来一去，就形成了**“输入—学习—思考—消化—输出”的过程**。

所以，“输出”能够让你获取知识的欲望更加强烈。而且在你“思考—消化—输出”的过程中，也会对知识理解和掌握得更加深刻。

先推荐几种输出方法，以供参考。

1. 写作

坚持写作，养成习惯。每天把学到的、想到的内容写下来，然后在网上发表。如果每天写500字，坚持一年就是18.25万字。如果你写的内容很不错，这十几万字就可以出版成一本书，实现价值更高的内容输出。

2. 讲课

把自己所学到的知识整理成课件，讲给别人听。

讲课不仅需要有逻辑、有温度、有故事，还需要有表情和动作的要求。你可能会说，我没有讲课的舞台，但其实每个人都有这种机会，可以通过各种网络平台尝试讲课。

即使只有几个听众，这也是一种授课。任何一个粉丝万千的名师，都是从几个粉丝开始积累和成长的。

3. 深度交谈

围绕一个主题，大家进行深入的探讨。注意，不是那种在饭局上聊天的形式，而是正式地就某个主题，邀请相关人员，展开讨论。

再推荐几种输入的方式，以供参考。

1. 应用式阅读

“应用式阅读”就是当你遇到了一个需要解决的问题时，去购买相关的书籍来阅读。比如，你正在学习社群营销，就马上去买几本关于社群营销的图书来学习，这种方式的吸收效果是最快的。

2. 听讲座

听讲座不仅可以听老师所讲的内容，还可以感受老师的讲课方式和技巧。

3. 与更高层次的人对话

与更高层次的人对话，通过他们的格局、思路和经验，可以帮助我们开阔眼界，看到我们目前阶段所看不到的东西，提升我们的认知水平。

锦囊044：学以致用，才能“完全学会”

问　题：买了很多书，总是看不完。看完的，过段时间也就忘了。感觉自己并没有通过看书获得明显的提升。这是哪个环节出了问题呢？要如何解决呢？

王一九：学以致用，才能“完全学会”

如果你看了很多实用型的书，但觉得自己的技能水平并没有获得明显的提升。那么，最大的可能就是没有学以致用。

虽然看了很多书，但只是“看了”，并没有去练习、实践。那么，自然没过多久，连当初所看的内容也都会忘光了。

比如学开车，你买了一本教开车的书。开车就包括3个动作：①踩刹车挂挡。②踩油门前进。③打方向盘转弯。

你将这些动作记得滚瓜烂熟，在脑海里已经模拟了无数次。

但是，你会认为自己已经学会开车了吗？

我想，你肯定不会。也没有人会认为，知道了开车的动作，就等于学会开车了。

你只有去驾校，亲身实践，并且通过了考试后，才能说自己学会开车了。

这里的“通过考试”，就是效果检验。而且“学会开车”离“车开得好”还有很大距离，所以只是实践后达到了基本标准，还远远不够，还要不断练习、提升，才能达到“开得好”的目标。

前段时间，我做了一次裂变式发售，12万元的学费，30分钟就收了60个学员，第二天又收了20多个学员。有好几个人发微信跟我说，他们通过拆解的方式，学会了发售文案。

我问其中一个人：“既然你深入学习了，那实践了吗？有没有自己也写一篇？”

他回答：“还没有写，但是学会了。”

我说：“你离‘学会’还有些距离呢！”

他又说：“我知道自己还没有完全学会，但是我觉得已经基本学会了。”

我问他：“你认为怎么样算是‘完全学会’了？”

他回答：“就是掌握了全部的方法。”

我说：“要达到‘完全学会’，你至少需要完成以下三个步骤。

第一步是了解方法，你现在已经完成了。那到底有没有真正地全部掌握呢？只需实践一下就知道了。

第二步，你具体写一篇发售文案，“如果写的过程中，写得很顺畅，各个要点都体现出来了，周围的人看了也都觉得不错，那么可以说你‘基本学会’了。

然后就是第三步，你也发售，也收了钱，才算完全学会了。

如果这篇发售文案带来的效果不够理想，那么你就再完善、改进，直到能够达到理想的效果。那个时候，才是‘完全学会’了，也就是达到了‘知行合一’”。

|第三部分|

进阶升级

01 认知

锦囊045：做一个深度思考的人，而不要做“知识的搬运工”

问　题：在思考问题的时候，感觉脑子生锈了，思考不下去了，怎么办？

王一九：做一个深度思考的人，而不要做“知识的搬运工”

请测试一下你自己，你思考问题的习惯是以下哪一种？

A.当你发现了一个问题的时候，你会围绕这个问题进行思考。如果你当时没有得出结论，那么在之后的时间里，你便会一直思索，直到得出结论。之后，你还会围绕这个结论进行验证，不断去修正、完善。

B.当你发现了一个问题的时候，你先会思考一下，看看该如何解决。但当你发现问题比较难以解决的时候，便会选择跳过这个问题，等待别人的答案。

如果你思考问题的习惯是A，那么说明你是一个习惯于深度思考的人。

如果一个人想要成就一番事业，那么“思考深度”就起到了决定性的作用。因为**一个人的综合能力取决于他的认知水平，而认知水平又取决于思考深度**。

如果你在看到了一篇讲述行业新知识的文章后，只是简单地浏览了一下，然后便转发到了微信朋友圈。可能你以为自己已经学到了其中的知识，其实你只是“知识的搬运工”。

有人可能会说，我不用去深度思考，别人深度思考之后的结论，我拿来用就行。

这是非常要命的想法。没有经过深度思考，即使别人把答案给你了，你也理解不了，无法真正吸收。

正因为人的本性是好逸恶劳的，而深度思考是违反人性的，所以你才要不断地进行深度思考，让深度思考变成一种“肌肉记忆”。因为大脑与身体肌肉相似，只有不断地进行深度思考，大脑才会从“厌恶思考”转向“爱好思考”。

只有这样，你的认知水平才能不断提高，你的事业才能不断向上发展。

锦囊 046：认知层次，决定收入的高低

问　题：你每年都在增加学习的投入吗？这些学习对你有什么帮助？

王一九：认知层次，决定收入的高低

有一个统计数据，是关于应届生的月平均收入的：高中学

历3900元，大专学历5600元，本科学历7900元，研究生学历14299元。

这个数据说明了什么？

说明学习越多，收入越高！

在社会中学习，差距会更加明显，因为这种学习是能够立即应用的。

有3个做文案的人：

A主要做传统媒体的软文，5年前月收入1万元，现在是1万~2万元。

B也是写软文的，5年前月收入5000元，后来付费学习了互联网营销文案，现在月收入3万~5万元。

C是做朋友圈文案的，1年前月收入8000元，付费学习后，月收入5万元。再后来又付费学习了个人品牌，把自己的影响力提升了几十倍，开设课程2.98万元一个人，现在年收入200多万元。

有一天A见了我，问我能不能给他介绍客户。我说你为什么不去学习如何做销售呢？他说暂时没钱，生活紧迫，于是又维持了现状。

假如B不学习互联网销售，他就没有机会从月收入5000元变成月收入5万元。

假如C没有学习个人品牌，他就没有机会从月收入5万元变成年收入200多万元。

提升自己的认知水平，才是提升收入的关键。

有句话你一定很认可，“你永远赚不到认知范围之外的任何一分钱”。

我自己每年都花数几十万元去学习，比如去年学习销讲课花了10万元、学习品牌课花了十几万元、学习私域流量课花了10万元，还报了几个更高阶的文案课，花了十几万元。我每年的学习投入都比前一年更多，但是回报也更多。

在我月薪只有4500元时，也会每年拿出2个月的工资去学习。

因为我算过账，在我月薪只有几千元时，即使一年省下1万元，十年才能省下10万元。而如果每年花1万元去学习，一年就能多赚回20万元。再拿出其中的10万元去学习，第二年能赚回200万元，第五年能赚回1000万元，这就形成了一个正循环。

不断提升自己的认知，商业能力才会越来越强，视野才能越来越开阔，潜力才能越挖越深，圈子的层次才能越来越高，那么收入自然会越来越多。

所以学习上的投入是最划算的投资，也是提升收入的根本方法。

人的一生就是在不断地提升自己的认知，认知提升了，财富是流进来的。

02 读书

锦囊 047：阅读不同类型的书，太偏食就会营养不良

问　题：对于读书，你有哪些建议？

王一九：阅读不同类型的书，太偏食就会营养不良

有人只会读同一类书，即使你读得再多，提升的还是一种类型的技能，就会出现营养不良的情况。有的人就喜欢读赚钱类的书，整天就挖空心思想着商业技巧，导致其为人处事很功利，客户一接近你，就感觉你很功利，就不敢和你做生意。

有的人只喜欢读修身养性的书，以为这些书才高大上，岂不知没有打牢根基，是无法成就事业的。大道理一谈一大堆，连一件具体的事情都做不好，这种修身就飘在空中。大致有3种类型的书，建议你阅读。

第一种类型，是“提升技能”的书。

你正在学习社群营销，学习打造个人品牌，那么你遇到的所有问题，几乎都可以在讲社群营销的书中找到答案。你正在学习打造个人品牌，你可以读一读《从0到1打造个人品牌》；你正在从事管理，你可以读一读《人人可复制的领导力》，每一个步骤你

都能从书中找到具体的做法。

第二种类型，是帮助你“提升认知”的书。

比如,《有钱人和你想的不一样》《人人都能打造个人品牌》这类书籍，对于提升认知、思维高度，会有巨大的帮助！让你的眼界更加开阔，在做好当下事的同时，不断扩大自己的认知边界。

第三种类型，是帮助你“提升修养”的书。

比如,《道德经》《大学》《论语》这些书能够提升你对做人的道理、对做事的规律更加深刻的认知，提升自己的个人修养。古人认为做事的顺序就是修身、齐家才能治国平天下，所以提升自己的修养，才能更有利于你成就事业。

人在不同的阶段，应该侧重阅读不同类型的书。

在大学时期，可以宽泛地去读书，也就是博览群书；在工作的前几年，应该集中精力阅读与工作紧密相关的书籍。随着职位的提升或创业的需要，多读认知类的书。创业初期，两种类型的书各占一半；到了创业中期及以后，就要以阅读“提升认知，修身养性”的书为主了。

没有绝对的占比区分，不同的阶段你根据自己的情况安排，但你要知道至少有这几种类型的书要学习，而不能一味地偏食，否则就会营养不良。

锦囊 048：阅读时，把自己想象成这本书的作者

问　题：读书时，怎样才能从书中吸收更多的精华内容？

王一九：阅读时，把自己想象成这本书的作者

你阅读完一本书，能够吸收其中的多少知识呢？

我想大部分人都不会超过30%。

但却有极少数人会超过300%！

你可能会说，这怎么可能？

这当然可能。

如果你能够真正理解作者的思想，就能引申出更多的内容，甚至你能猜到作者还有哪些内容没有写进去。

以前看李欣频（著名广告人）的演讲，她说自己写书，一本书能够写出来的内容不会超过她所构想的内容的10%。这也就意味着还有90%的内容因为篇幅问题，没能写进书里。后来，我就去搜索李欣频的书，把她写的书，统统买回来，深度学习。比如，我在写《人人都能打造个人品牌》这本书时，我是从写了520多天的【每日一问】中抽选出来136个问题，其实还有近400个没有写进来。这本书中有4个案例，但其实有很多种类型的案例，都没有写进来。如果你想了解更多，可以关注公众号“王一九”。

所以，当我们读书时，**如果随着作者的思路去延展，就会有很多收获**。

此外，一个人的阅历、经验是有限的，因此个人的阅读感受也是有限的。

如果在阅读完一本书后，可以与他人一起交流，你会发现，即使是一个小的话题，也能发散出很多深层次的内容。我还把华杉的书统统买回来，并赠送给所有的学员，然后大家一起学习，一起交流。你是不是很少发现有人这么读书？但是如果你想深度学习，就是看好一个作者，全面深度地去学习，这样才能学得越来越深刻。

锦囊 049：即看即用，是最有效的阅读方法

问　题：怎样读书，才能更快地掌握新的知识？

王一九：即看即用，是最有效的阅读方法

多选择“即看即用”的书。

只有“即看即用”，才能真正实践和吸收书中的知识，将书中的知识转化为自己的能力。比如，你正在读一本讲解演讲方法和技巧的书，但是在短期内又用不到这样的知识，那么过不了多久，你原本已经记住的演讲技巧和方法，也就逐渐忘记了。

那么，如何选书呢？

参考图书网站，比如当当或京东的榜单，选择畅销榜和新书榜上排名前10位的书籍。

畅销榜上大多是比较经典的图书。比如学习管理，可以先看看彼得·德鲁克的《卓有成效的管理者》；学习互联网产品策

划，可以先看看小米联合创始人黎万强写的《参与感》、特劳特的《定位》。

一些比较专业的书单也可以参考。

同时，除了那些经典的图书外，还要注意查看作者的个人介绍，看看他是否有实际的相关经验。实际操作过与只是观察和分析的差别很大。观察者和分析员可能会说得头头是道，但并没有实际操作过，那么很多“坑”是不得而知的。比如，我的第一本书《从0到1打造个人品牌》，内容全部是我辅导学员的实际经验。

另外，注意一下书籍的著作方式。“著”是指作者原创的，或者原创程度很高的作品；“编著”则是指作者在众多参考资料的基础上，编辑完成的作品。

最后，还有一点是要**花足够多的时间去挑选书**。

至少花1个小时去挑选。不要觉得这是浪费时间，恰恰相反，这是最大的节约。如果花了几天时间，读了一本对你帮助不大的书，才是浪费自己的时间。

锦囊050：一本书读懂一句话，就是物超所值了

问　题：读了一本书，却只学到了一条有用的知识，值吗？

王一九：一本书读懂一句话，就是物超所值了

前段时间，我看了一本书。书中说，写文案时，要少用“你

们”，而多用“你”。这样能够拉近与受众的距离，让看到的每一个人，都觉得这篇文案好像是为他一个人所写的。

在这之前，我在写文章时，无论是朋友圈文案、公众号文章，还是课程文稿，使用的都是“你们”“大家”这样的称呼，就有距离感。你看，我在写这本书的时候，就多用“你”，而不是“你们”。在写的时候，我就假想，你就坐在我面前，我们一起来聊个人品牌。

许多朋友都反馈说，看我的文章，感觉就像“在与我面对面聊天一样”，感觉非常亲切。还有许多学员说，看与课程相关的文章的时候，连学习的效果都提升了！以前觉得并不只是在说他，而变成“你”之后，就好像我在面对面指导一样，一下子就将自己代入了进去。

之前，我在写文章的时候，使用“你们”的称谓，脑海里便会下意识地展现出一个群体。这样写作的时候，总是发现有些内容表述得比较空泛、不够准确。而改成“你”之后，脑海里出现的便是某个具体的、典型的、更具有代表性的对象，一下子就清晰了，能把问题讲得更细致、更具体了。

你看，只是去掉了一个“们”字，把“你们”改成了“你”，就能有这么多的收获！而购买一本书的费用，也就是一杯咖啡的钱。这还不够超值吗？

想一想，在这本书中，哪句话最让你有收获呢？你也可以针对这句话，写一个复盘。

03 工具

锦囊 051：善用工具，能提升 1000 倍效率

问　题：为什么一定要学会善用工具？

王一九：善用工具，能提升1000倍效率

2014年，我用Excel表格统计鞋子出货单。200多个款式，每款有7个码、5种颜色，共计2万多条内容，涉及价格、金额、发货地点，一张表格有四五千行。

最初，我用加减乘除来计算，但有些数据是跨表格的，我就用计算器去计算，整整用了一个下午的时间，才完成了一张表格。

后来，有一个同事帮我代入了一个函数公式，1分钟都不到，全部解决了。然后他又告诉我几个函数代入的高级方法，可以把价格、区域、财务数据统计得一分不差。

半个小时就可以完成几十张表单的处理工作，至少提升了1000倍的工作效率。而且，不会出错！如果没有这位同事教我，恐怕我会一直通过计算器的方式来进行处理，想想真是太可怕了。

去年我使用了印象笔记和石墨文档，把所有写在纸质笔记本上的文字，同步上传到APP。过去10年我使用过的笔记本，恐怕要有100本，如果想要找一个过去记录的知识点，恐怕是无法找到的。通过工具，我可以快速整理知识、存储知识、随时调用知识。

这就是采用软件来做知识管理。打造个人品牌的核心是有自己的知识体系，所以要用好工具，做好自己的知识管理。

去年录音的时候，我是录制完成后保存下来，用“讯飞语音”文件，付费转成文字。后来买了录音鼠标，拿着鼠标就可以直接录音，然后转成文字。不仅可以节省费用，更重要的是省时省力。

这几年，我用了很多有用的工具，每一个工具都提升了效率很多倍。

我曾在小鹅通（知识付费软件）任商学院培训总监，当时我发现很多人虽然购买了这款软件，但只是使用了其十分之一的功能，这就是没把工具用好。而用得好的人，快速实现了粉丝裂变，极大地提升了课程购买转化率。

我总结了一个概念，我把它称为“TQ”，工具商数。（tool，工具）

当你每做一件事情的时候，首先要考虑的是如何能够提升效率？在哪儿能找到这个提升效率的工具？谁能教会你使用这个工具？

养成这样的工作习惯，提升“TQ”，你也能工作轻松、更有成效！

04 聚焦

锦囊 052：聚焦一点，让你更快脱颖而出

问　题：为什么做个人品牌要聚焦？怎么聚焦？

王一九：聚焦一点，让你更快脱颖而出

为什么说“聚焦一点做品牌”，是个好策略呢？

聚焦一点，可以产生巨大的威力。

很多大公司都是因为“聚焦一点”，而成为行业“领头羊”的。比如，公牛聚焦插座，一个小小的插座，就能做到几十亿元的业绩，公牛上市后，现在市值超过1000亿元了。老干妈聚焦辣酱，一瓶小小的辣椒酱，年销售额达几十亿元，并不是做多么高大上的东西才能产生巨大的威力，而是聚焦在一点上，那么很小的产品都能做出很大的业绩。

我曾经为一家净水器做咨询，那家公司有200多款产品，年度营业额有8000多万元。后来经过策略调整，先聚焦一款核心产品，用一款产品突破，3年后营业额达30多亿元。很多公司，总以为有很多的产品，才能覆盖到更多的消费群体，才能提升销售额。但是如果你没有聚焦在一点上，就无法集中精力在一点上爆破。

曾经有不少人问我，说流量慢慢多了，为什么不多开几个课程，这样就可以多赚钱啊。我说："不，我就聚焦在个人品牌上，做深度的个人品牌咨询服务。"

聚焦一点，可以让你更快地脱颖而出。

如果你说"我要聚焦在培训行业"，其实并不是聚焦。因为培训行业可以分为英语培训、计算机培训等众多培训。

真正的聚焦，可以帮助你层层细分：从培训行业，细分到英语培训；再从英语培训，细分到少儿英语培训；最后从少儿英语培训，细分到少儿单词记忆培训。聚焦至细分点，你就能脱颖而出得更快一点！

聚焦的悖论。

有的人看到这儿一定在怀疑了，因为有很多企业多元化发展，也有的个人做了很多种事情，也赚了很多钱，且做得很成功，如何解释呢？聚焦在前期，更有利于你脱颖而出，有一个突破点，你更容易快速过第一道关卡。至于突破之后，能不能走多元化路线，就是另外一回事了。

05 提问

锦囊053：提问的水平，决定了答案的价值

问　题：如何提问，才能获得更有价值的答案？

王一九：提问的水平，决定了答案的价值

曾经，有个家具行业的创业者来咨询。他说自己非常好学，他在读一个商学院，他遇到问题总是及时向老师请教。可每次总是得不到想要的答案，他就非常纳闷。

为什么总是得不到想要的答案呢？

其实问题在于提问的水平。

如果是自己没有任何思考，完全等待别人来“喂”的问题，对方往往也不愿意回答。

那么，如何提问才能收获最大呢？

一是提有价值的问题。经过了冥思苦想，但困于经验所限，无法获得答案的问题，大概是处于“欲破未破，一点就破”状态的问题。

在经过别人的点拨后，恍然大悟，这是提问的最高境界。既得到了答案，提升了自己的认知层次，也节省了对方的时间。

如果你需要做一个方案，就直接问别人："请问如何做'双11'的促销方案？"这不叫提问，这是让别人帮你完成工作。就像一个从来没练过武术的人，去问乔峰"如何练好降龙十八掌"？乔峰可能会回答："你先劈断1000棵树再说吧。"

二是提选择性的问题。比如，"我想了三个策略，分别是A、B、C，从你的经验来看，你觉得哪个是最好的？"

这样的提问方式，简单、有效。不仅更容易得到对方的意见和建议，更让对方容易回答，很轻松地就能给出自己想要的答案。

06 执行

锦囊054：全力以赴，像着了魔一样偏执，像初恋一样火热

问　题：被同龄人拉开距离，往往都是差在了哪一点？

王一九：全力以赴，像着了魔一样偏执，像初恋一样火热

很多人都在说自己全力以赴，但真的全力以赴了吗？其实大部分时间都是在焦虑、懊悔、迷茫。

两年多前，我建议两个朋友打造个人品牌。

A选择通过写文案来打造个人品牌。在短短两年多的时间里，A就赚了几百万元，年纪轻轻就买了两套房。

A是怎么做的呢？天天就埋头写，几乎没有间断，而且从不焦虑。他买了不少书，也舍得投资学习，一买就是几万元的课程。后来自己做课程，还开了训练营。再后来，还出了一本书。

B定位于私域流量，在两年多的时间里，换了两份工作，工资提升了1倍，也算不错。但是疫情期间B又在找工作了，现在已经过了30岁，一直处于“飘着”的状态。

B和A的区别是，他一边执行着计划，一边不断地怀疑，想着能不能再找点别的事情做，每个周末都找朋友吃饭喝酒，名

曰“畅谈未来”，实际是通过酒精来麻痹自己，短暂地化解焦虑状态。

我们来分析一下A。

A把全部的时间都用来做事情，通过在很多家平台卖课程，把影响范围扩大了几十倍，又通过出书，进一步扩大了影响力。

可能还会有人反对说，难道我们只是傻傻地做事，就不抬头看路吗？不要了解大方向吗？

对于这个问题，要具体分析对待。如果你要做一个大生意，当然需要花大量的时间去了解大方向。但是每年赚个几百万元的项目，做好眼前的事情就可以了。把方向定下来，安心做，偶尔抬头看看路，不要走偏了就行。

做执行，就要狠：

1.把焦虑迷茫的时间

2.把吃喝玩乐吹牛皮的时间

3.把懊悔过去的时间

4.把担忧未来的时间

5.把探讨世界形势的时间

6.把骂老板的时间

……

统统花在你正在做的事情上。

每时每刻都想着你要做的事情，像着了魔一样偏执，像对待初恋一样火热……

A能用两年多的时间赚到别人积累10年的钱，你也可以！

锦囊 055：想好就做，是最快成为高手的方法

问　题：假如从零开始，如何在短时间内成为一个陌生领域的高手？

王一九：想好就做，是最快成为高手的方法

以前有个学员问："如何成为运营的高手？"

我问她："你认为呢？"

她说："我要学习一些课程，看看别人是如何做的，然后分析，再参照别人的成功案例……"

我又问她："你学了多久了？现在有收益吗？"

她说："大半年了，学习了很多方法，现在还没有开始做。"

我们经常会遇到这样的人，就是一直在学习，一直在想方法，但就是迟迟进入不了开干的状态。

我并不是说要蛮干、盲目地去干，而是在找好定位、确定好发展方向之后，立即开干！

这就是快速成为高手的秘密：想好就做。

有个朋友，说想开家餐厅，我就建议他先去餐厅工作一段时间。

他说："我大学本科毕业，难道你让我去端盘子？"

我说："是啊，你想要了解餐饮行业，又不会做菜，当不了厨师，那就去端盘子。端盘子既能接触客户，又能接触厨房。能知道哪些菜是客户喜欢吃的、什么样的人喜欢点什么样的菜，而且

也会大致了解到一家餐厅运营的核心要素，比如地段、流量、盈利点、团队管理……”

果然，他去应聘了服务员。

这是第一个“想好就做”，第二个是：

2个月后，朋友对如何开一家餐厅有了大概的了解。然后马上辞职，开干了。

如今，他的餐厅生意红火，正在准备发展加盟店。

成为行业高手，的确是需要长久的训练，但只要坚持两个原则，见效就会更快：

1.找准定位后，下定决心马上干。

2.进入状态后，撸起袖子加油干。

07 坚持

锦囊 056：不断改变，积累的资源会归零

问　题：你是否尝试过多种事情，不断改变自己的事业，给自己带来哪些好处，又带来哪些坏处？

王一九：不断改变，积累的资源会归零

身边有人毕业八年，做过五份工作，每份工作还不到两年。直到30岁时，才发现自己没有一项核心竞争力。

也有些创业者，每年换一个项目，刚刚有点起色，就看好了另外一个项目，不断更换。

各种事情都了解一点，但没有一个是精通的。眼看一年又一年过去了，还是无法定位好自己的主业。

这种不断更换定位，无法真正把一件事情做深、做透的人，自然永远也无法到达突破点。

任何一个行业，能够赚钱的都是本行业内20%的高手，另外的80%只能达到平均工资水平。

不断更换行业的一个致命点是，**积累的资源会归零**。

那么有人可能会说，尝试更多行业才有更多的可能性。没

错，看到的更多，自己的见识才能更广泛，才能有更好的选择。这对于刚开始做选择的人来说，非常有利。但是一旦选择确定，就不要轻易改变。

那么，难道定位确定后，我们就不应该去学习别的行业知识吗？

当然不是，学习是为了提升和发展自己的主业，而不是看到一个新的机会，就马上盲目地冲上去。

锦囊 057：越想找捷径，离成功就越远

问　题：为什么有的人做过的事情越多，却越焦虑了？

王一九：越想找捷径，离成功就越远

如果持之以恒，经年累月地去摇晃一棵大树，一个普通人也可以把一棵看似不可能推倒的大树推倒。这是一种大自然的规律——能量的叠加。

这种叠加，让那些本来力量弱小的人可以推倒大树。但是很多人却急于求成，眼前的这棵树摇晃了几下没有倒，便放弃了，又转而去摇晃旁边的一棵树，然后再换……

这样换来换去，就算是到了天荒地老也不会成功。

做事业，也一样。

有的人看似能力不强，但是在一个领域坚持了数年，就累积了巨大的能量。

有的人看似能力很强，很容易发现新的风口，也很容易被不

同的人挖来挖去，换了不同的行业，但是结果还是一事无成。

一个人随着年龄的增长，一旦连续做几件事情都不成功，便会更加想要快速成功，想要找到捷径，这样便会处于焦虑状态。

除非冷静下来，开始扎扎实实做事情，否则还是会迷茫与焦虑。

锦囊 058：坚持，就是一种能量的累积

问　题：有人做一件看似很不起眼的事情，结果越做越大；而有的人总想要做大事，但是一直没能成功。你怎么看？

王一九：坚持，就是一种能量的累积

我有两个高中同学，一开始都做电子产品，在淘宝开了店。最初，大家都觉得开淘宝店是个很不起眼的生意。

三年后，他们两个人都摸到了电商的规律，年度营业额都超过了两千万元，年赚几百万元。

后来，A同学有个机会去做了药品。他想要干一票大的，不仅代理药品，还购买了几百亩地的使用权，种植药材。结果三年过去了，投资了3000多万元，现在仍然在亏损中。

B同学还在坚持做在大家看来不起眼的电子产品生意。自己组建一个小团队，研发电子产品，跟京东等电商达成了供货协议，现在年度营业额已经过亿。

你可能会问，难道赚了钱就不能投资其他行业吗？很多企业也做了产业扩张，而且很成功。没错，但是那些成功扩张的企业，大都是在相关产业扩张，而且做的都是自己能力圈之内的事情。

一旦超越了自己的能力圈，就非常容易失败。这样的案例数不胜数。

在一个行业坚持，就是一种能量的累积。

自然规律亦是如此，水滴得久了，石头就被滴穿了。微小的力量累积得久了，也就变成了大能量。

个人做事业也是如此。

锦囊 059：坚持，带来的不仅是实物收获，还有能量

问　题：你有一件连续坚持1年的事情吗？坚持给你带来了什么价值？

王一九：坚持，带来的不仅是实物收获，还有能量

有个朋友请我去做个人品牌咨询。

到了之后，他向他的朋友介绍说："王一九老师坚持写'每日一问'500多天了，太厉害了。"

还有个老同事，聚会的时候告诉我，他让自己公司的人都在看我写的"每日一问"。

朋友和前同事，他们都感受到：

身边有一个这样坚持的人，是一个榜样，能带给他们巨大的鼓舞。

也正是因为坚持“每日一问”这件简单的小事，开始有更多的人报名来跟我学习个人品牌。接着，有了商学院邀请讲课，有了电视台邀请合作……

所以，坚持写“每日一问”，所带来的收获不仅是每日与学员的互动和内容上的积累，更多的是**“坚持”本身所带来的能量**。

这些能量是闪光点，更是吸引力。

我的身边，有坚持每天健身的人，40岁保持着25岁的身材；

有坚持每天写作的人，17年来出版了20多本书；

我最欣赏的文案老师李欣频，49岁时，已经写了49本书……

这些坚持令人钦佩，令人向往，也让他们成为各自领域的佼佼者。

坚持所带来的不仅是技能上的提升，更多的是能量的累积。

如果你想要成就一番事业，就先开始从坚持做一件小事开始吧！坚持得久了，自然就会获得巨大的能量，而这些能量会为你吸引到更多的合作资源！

08 规律

锦囊 060：按规律，做好事，不走弯路就是最快的路

问　题：什么是最好的人生计划？

王一九：按规律，做好事，不走弯路就是最快的路

你是否每年都在做着“从来未完成过的去年的计划”？

前一年做计划时充满雄心壮志，对自己“高标准”“高要求”，结果接下来的一年，发现“计划很美好，现实太残酷”？

时常想着每月、每周未完成的收入计划、未完成的减肥计划、未完成的读书计划……而非常沮丧？

那么，什么是最好的人生计划呢？

最好的人生计划就是按规律，做好事，不走弯路就是最快的路。

太阳慢慢地从东方升起，从西方落下，它从来不会规划着一小时升到最南方；种下一棵小树，慢慢地成长，只要你施肥浇水，它就会长成参天大树。但是如果你希望它明天就长大，拔苗助长，它会一天长一大截，但很快就会枯萎了。

这就是自然规律，人是自然的一部分，就得按规律做事。

有的人，今年收入30万元，期望明年收入1000万元，往往动作就会扭曲，就会采取拔苗助长的行动，就会走弯路。

假如你工作的第一年，月薪是5000元，那么第二年可以期望月薪8000元，第三年达到月薪1万元。你可能会说，这太慢了。

其实，这一点都不慢，从5000元到8000元，增长了60%；从8000元到1万元，也增长了25%。第十年的月薪就会超过12万元。可是，90%的人工作十年后，年薪都没有超过10万元。

假如你打造个人品牌，第一年做到100万元左右，第二年可以计划100万元到200万元，如果你定得太高，动作就会变形，就会走弯路。可是有的人就是不听，刚有点成绩就去搞大项目，希望年入千万，然后就会走弯路。

锦囊 061：规律就是天道，是自然和人共同遵循的法则

问　题：按照规律做事，就能把小事情做成大事业，你如何理解按规律做事？你平时是按照什么规律做事的？

王一九：规律就是天道，是自然和人共同遵循的法则

最近几年做咨询的过程中，遇到过五个老板，他们的公司才刚刚成立，就都信誓旦旦地说“要做到千亿级的规模”。这是他们亲口说的，我没有做任何的夸张。

你可能会问后来呢？

后来，这五家公司，都在一年内倒闭了。

其中有一家“死”得太快了，好像老板的话音没落，公司就已经倒闭了。

我现在凡是听到有人一张嘴就说“我有一个好的商业模式，我要做千亿……”我就不说话了，然后借机走掉。

这倒不是说创业不能有大梦想，相反，倒是应该有大梦想，但做事情要按照规律。我遇到的多家销售规模在5000万元到1个亿的企业，我都建议他们做10亿~50亿元的规划，任何领域的第一品牌至少要30亿元。但是这是他们在5000万元业绩的基础上要做的目标。

有三个人，分别在地里种下了一棵树苗。

甲急不可耐，拔苗助长，结果树苗很快就死掉了。

乙觉得是土壤不好，就把树苗挖出来再换一个地方种，如此反复两三次后，树苗也死掉了。

丙只是按时浇水施肥，3年后，小树苗长成了大树，枝繁叶茂。又过了10年，原本的这个地方，已经变成了一片郁郁葱葱的树林。

这就是自然界的规律。

打造个人品牌也是一样的道理。

不是一开始就想着有巨大的收入，而是启动，先找到第一个客户；

第二步是找到100个客户，根据反馈，调整自己的产品和方向；

第三步是找到1000个客户，优化自己的服务，提升客户的满意度；

第四步是组建团队，扩大规模……（这里所说的客户数量只是举例说明，请根据自己的产品类型进行规划）

当你走到第三步的时候，很多人还没走到第三步就突破了年入百万，而且很多合作机会就都来了。因为你已经扎下了根，之后你需要做的就是按照规律茁壮成长。

可以说，其间没有任何一步是可以跳过去的，没有任何一步是可以省略简化的。这就是做事的规律。

我遇到过不少头脑很聪明的人，能讲出各种新模式、新技术、新理念，张口跨界，闭口整合。一开始听起来很厉害，后来，发现他们很难做成事情。

原因就是：总想跳过打基础的前三步。

这就像一个聪明的小孩，刚过了8岁生日，就希望明天变成18岁，这违背自然规律。

按规律做事，好像是慢一点，但只有不走弯路才是最快的路。

09 策略

锦囊062：少即是多，一技之长大于三技之短

问　题：为什么每天总是很忙碌，收益却没有增加多少？

王一九：少即是多，一技之长大于三技之短

去年，有个学员来咨询的时候，说自己很忙，每天早上做计划，晚上做总结。

我说："这很好啊，做事情很有方法。"

她继续说道："我每天要做三件事情，一件是带领团队销售养生产品，另一件是做理财培训，还有一件是做朋友圈文案培训。然后每天早上分别做三份计划，每天晚上再做三份总结。"

听到这里，我不禁问道："你这三件事情中，哪件做到了领域前20名？"

她没有明确回答，说："周边的朋友都觉得我做得挺好的。"

我又问道："那周边的朋友都愿意埋单吗？"

她回答："很少。"

显然，周边的朋友觉得好，只是一种假象，如果他们都觉得

好，应该埋单才对。也就是说，看着忙了三个项目，却没有一个是有成效的。

她每天做的事情很多，互相之间却又毫不相关，结果把自己搞得又忙又累。自己一边感动于自己的努力和奋斗，一边却苦恼和焦虑如此付出却没有收获。

不是做的事情多，就赚得更多，而是在于做得够不够专业、够不够精通。

同样做三件事情，每件只能做到5分，别人当然是不愿意埋单的，你就需要拼命推销，不累才怪。

如果集中精力，专注去做好一件事情，做到了8分，身边的人就会主动埋单，也不需要每天去推销，客户就会慕名而来，从此客户源源不断。

人们常说，一个人要有“一技之长”，“长”是什么意思？就是比别人做得好，比别人精通。

请记住：一技之长，远大于三技之短。

锦囊063：踏踏实实地做事，才是最稳、最快的人生策略

问　题：2020年，你有哪些感悟和收获？

王一九：踏踏实实地做事，才是最稳、最快的人生策略

今年的最后一天了，我正在火炉旁看书，谈谈今年的三大收获。

为什么是三大收获，而不是四大收获或两大收获？是因为多了不便于记忆，少了又总结不到。“三”是个比较理想的数字，又很有生命力——一生二,二生三,三生万物。

下面就简单分享一下我今年的三大收获。同时，这也是我的自我梳理和总结。

1. 课程带来的收获

今年开了8期“25天一九个人品牌训练营”、6期“7天个人品牌特训营”、十多期公开课和微信自动成交课程，累积了数千位学员，具体没有统计。线下和七商财商学院院长姜宏老师一起在五个城市开课十多场，在暨南大学开课两场。

讲课本身不是收获，收获的是来自很多学员的反馈。他（她）们中很多人找到了自己的定位，明确了发展方向。有的人因此开启了从未想过的事业，有的人因此多赚了数十万元乃至数百万元。深感安慰。

2. 咨询带来的收获

今年开设了“个人品牌1对1咨询”和企业品牌咨询服务。现在对咨询有了更深刻的感悟，**咨询就要100%站在客户的立场思考**。不要因为任何个人利益而扭曲方案本身，客户该做广告就做，不该做哪怕一分钱也不能浪费。

不能站在自己的角度和位置（资源与能力）上给客户建议。客户有什么资源和能力，就建议客户做相应的事情。**绝不要搬运方法给客户，而是给客户最合适的方案**。

3. 学习带来的收获

今年学习了四遍《道德经》和《心经》，带来了非常大的收获，就是**按照天道和人道做事**。这算是我今年最大的收获。

按天道，《道德经》最后一章说：**“天之道，利而不害。”意思就是按规律做事，做正确的、有利于人的事**。

什么是规律？用白话来说，就是一棵树苗种在地里，不要轻易挪动，也不要拔苗助长。它自己会慢慢地长成参天大树。做事就应该专注而不轻易改行，不要贪多、大，求快，事业会慢慢自己长大。

那种急功近利，想要快速成功、快速赚钱的都是不符合规律的。我给所有来咨询的客户的建议是他们不要因为一个巨大的梦想或商业模式，动不动就想着IPO（首次公开募股，常指企业上市）、融资套现，而是**踏踏实实地做事情，事业就会慢慢成功，这才是最稳、最快的策略**。

按人道，在《道德经》最后一章说：**“圣人之道，为而不争。”意思就是尽管去做吧，不抱任何私心，去做有利于人的事情**。反映到生活中，就是做有利于客户、家人和朋友的事情，自己不用太争夺和计较，但要谅解别人的争夺和计较。

我学了之后，有很大收获，但还是做得不够好，希望能和你一起努力！时时勤拂拭，勿使染尘埃！

10 心念

锦囊 064：如果被“困住”了，你需要及时调整“心念”

问　题：如果你发现自己有一段时间没有进步，是如何寻找突破点的？

王一九：如果被“困住”了，你需要及时调整“心念”

多年前，有段时间业绩没有提升，我心理压力非常大，情绪很低落。我在心里反复问自己：为什么事业不能快速提升？为什么每天都这么累，这么努力，业绩还是没有提升？……

我以为，一定是自己掌握的技能不够多，就又学习了更多的东西，结果还是没有效果。

我才真正意识到，靠自己现有的认知，是解决不了这个问题的。

之后，我读了一本书——《人类木马程序》。作者李欣频也曾多次遇到类似的问题，后来发现：

根本不是技能的问题，而是心念的问题。

如果一直觉得自己不够好，是无法从“不好”走向“好”的。

你有很好的状态，自然而然会吸引到好的人；你变得好了，又会吸引到更好的人…… 如此就会形成正向循环。

那么怎么才能拥有很好的状态呢？

你只需要转个念头：

我现在的状态就很好，未来也很好。

读完这本书后，我很有感触。之后，我直接找到了作者李欣频本人交流。

在我调整好状态后，果然接连不断遇到很多更好的人，比如我们“一九精英会”微信群内就有很多高能量的人。

人很难知道和理解现有认知以外的事情，所以要刻意留意自己是不是在原地打转。除了每日复盘之外，每个月要深度地反思一下当月工作内容是否与目标方向匹配，梳理一下有没有什么问题困住了自己。

11 诚实

锦囊065：诚实，也是一种人生复利

问　题：为什么打造个人品牌，“诚实”这一点特别重要？

王一九：诚实，也是一种人生复利

有次饭局上，一个老板讲了一件事，说他想要招募一个高管，但是又不想出高工资。于是想了一个办法，就是从某世界500强公司高薪挖了一个高管，然后用了3个月的时间，把这位高管的经验“挖干”，最后将这位高管辞退了。

这么做看起来是老板占了便宜，可实际上对他和他的公司造成了不可挽回的负面影响，并带来了巨大的风险。因为：

1.被“忽悠”的这位高管，不会再传播老板和公司的好，只会说老板和公司的坏。在行业内，老板和公司的形象和口碑受损。

2.这位高管有可能会写一篇文章，发到网上。如果他想报复老板，就会到处去发布这篇文章。这样不只是在行业领域内，在整个社会层面上，也会对老板和公司的信誉造成巨大的负面影

响。如果公司将来上市，却因为此事受阻，就损失太大了。

3.这位高管可能会反过来挖老板公司的人才。如果去了竞争对手的公司就职，会狠狠地报这一剑之仇。

4.公司的其他员工看到老板这么做，表面上不会表露出来，但心里也会打鼓：自己哪天也会这样被扫地出门吧？员工每天心里担忧，战战兢兢，又怎么能安心工作呢？而且能力比较强的员工，心里已经打定了主意，悄悄地留好了后路，只要等到合适的机会，就会将老板“炒了鱿鱼”。

这些就是“不诚实”“耍小聪明”带来的可怕后果。

做一个诚实的人，是我们从小就学过的品格要求。但每个人对“诚实”的理解有高有低，有的人理解到60分——只要对家人诚实，就是诚实的人；有的人理解到90分——不仅对家人、朋友，对员工、客户也要诚实。

做一个诚实的人，有时可能会吃点亏，但却会凝聚人气，获得口碑。看似是吃亏，其实是占了大便宜。

打造个人品牌，不仅仅是为了获得粉丝，也不仅仅是为了提升自己的影响力。我认为打造个人品牌有两个维度：事业方面和人格方面。

在事业方面，打造个人品牌是修炼技能，提升影响力，获得高价的精准客户。而在人格方面，打造个人品牌，其实是一种人生修炼。

在打造个人品牌的过程中，逐渐地把自己人性中的贪婪、傲慢和欲望等缺点，修得越来越淡，直到让自己变成一个诚实的人、利他的人。

让自己从内而外地变得更好，才是打造个人品牌的终极目标。

老子在《道德经》中讲道："圣人之道，为而不争。"其中"为"就是作为、做事，但是不要过度地去"争"，更不能以损害他人利益来争取自己的利益。这就是大道，按照这种方法来做事，才能成大事。

诚实既是一种人格的修炼，也是一种人生复利。

12 同理心

锦囊 066：同理心，就是站在对方的角度考虑问题

问　题：什么是“同理心”？

王一九：同理心，就是站在对方的角度考虑问题

在一次多人连线讨论问题时：

小A说自己月薪不多，只有8000多元，想离职去创业，却又不知道应该做什么，很迷茫，想向大家咨询。

第一个人的回答是：想好要做什么产品、如何在网上销售。

第二个人的回答是：设定好自己的商业模式，做一个长远的计划。

……

第一个人是做线上销售的，第二个人则是年销售额2000多万元的企业老板。他们的回答，小A能从中受到启发吗？

答案是不能。

小A从来没做过线上销售，商业模式对他来说就更遥远了。

所以，尽管他们都是一番好意，给出了自己认为最好的答案，但是对小A来说，却如同听天书，也执行不了。

这是因为他们在给出回答时，只站在了自己的角度，而没有考虑对方的实际情况。

微软的新任CEO萨提亚·纳德拉写了一本书叫《刷新》，其中提到的第一个原则就是“同理心”，就是要彻底地站在对方的角度去思考问题。

所以，无论是给出建议，还是合作洽谈，我们都要从“同理心”出发，才能给出有效的建议，才能获得合作伙伴更多的认可，让合作顺利达成。

13 自律

锦囊067：无法自律？试试外力监督

问　题：想坚持做一件事情，比如运动，比如写作。但总是不能长期坚持下去，应该如何解决呢？

王一九：无法自律？试试外力监督

明明制订了健身计划，结果却只能坚持1周；明明制订了减肥计划，结果3天就放弃了；明明制订了存款计划，结果抵不过网店促销……每次失败后，总是非常内疚，恨不得抽自己两巴掌。

其实，不要责备自己，更不要痛恨自己，因为不自律本身就会影响自己的身体，何必又多一念再加深自己受伤害的程度呢？

很多文章里讲的方法，其实大都无效，比如做计划、使用笔记、闹钟和“坚持21天”等。

为什么呢？

因为需要坚持的事情，大都是反人性的。

懒是人性中的一部分，是自人类进化以来，还没有完全进化掉的一个习性。实际上，也进化不掉。懒与喜怒哀乐一样，是人的本性。

没有外力监督，人性就会见缝插针地选择逃避。

所以，一个和朋友聚餐经常会迟到的人，坐飞机、高铁，却能准时赶到。因为飞机、高铁不会等他。

这些“不迟到”，都是外力监督的结果。

我在健身的时候，发现自己无法坚持，于是就让教练按时打电话来催促，如果没有去就直接扣钱。

我在写“每日一问”时，公开承诺了每天都写，这样上万人都知道了，所以没有办法不坚持。等到时间久了，也就形成习惯了。

如果你苦恼于无法坚持，就试试用外力来监督自己吧！比如健身打卡、写作打卡等，加入相应的社群，大家共同监督，相互鼓励。逐渐地，你就会找到自信，也会获得相应的乐趣，然后形成习惯。比如，你读这本书，无法读通读透，就加入“一九共读群”，和很多人一起相互鼓励。

14 自省

锦囊 068：改变惯性，需要不断觉察和自省

问　题：如何改变一个持续了很久的习惯？

王一九：改变惯性，需要不断觉察和自省

上个月和一个师兄喝茶，他是学医的。

他说："王师兄，我发现你聊天的时候身体会紧张。"

我有些疑惑地说："我没有必要紧张啊，我们闲聊，我为什么会紧张呢？"

他还是肯定地说："你有。"

他帮我调理了一下身体，我顿时感觉到身体非常轻松，好像之前是有些"紧张"了。

我当时想，为什么和师兄喝茶闲聊，自己会紧张呢？

我回想起以前，经常要去给客户提案，上台讲解之前都会很紧张。长期下来，只要与人谈话时，身体就会习惯性地紧张。

这种惯性是非常强的，已经变成了下意识的行为。即使已经意识到了，但只要一不注意，就又会进入紧张的状态。

要想改变这种惯性，就需要每天不断地进行觉察和自省。

虽然这种习惯性的紧张算不上是不好的习惯，但从这里可以联想到，我们在工作和生活中，所形成的一些不好的习惯，比如拖延，也是一种惯性，只有每天不断地自我觉察和反省，才能最终真正发生改变。

15 链接

锦囊069：摒弃“求人”的潜意识，你能约到任何你想约的人

问　题：如何去求见更高层次的人？

王一九：摒弃“求人”的潜意识，你能约到任何你想约的人

没有人喜欢被人“求”。

更高层次的人，更喜欢平等对话。

也就是说，你希望对方能够帮助你，但你能够提供给对方什么回报呢？

如果你只是一味地“索求”别人的帮助，你可以想想，如果你是对方，你会怎么想？

因此，**首先从心态上，要摒弃“求人”的意识**。

其次，也是更重要的，找出自己的优势。这样才能实现“平等对话”。

我曾要约见一位清华大学的知名创业导师。我先找到了他的微信，然后添加通过之后，给他发信息：

我是王一九，是一位线上教育创业者，目前直播间有1000万人气…… 我最近正在与华南理工大学MBA教授×××做线上

课程，不知能否邀请您一起来谈谈创业的课程呢？

很快，对方回复说可以，当天我们就约见了。他为什么会答应呢？我们来分析一下我发送的这条信息，其中突出了我的两个优势：

1.线上教育的创业项目，1000万人气。

2.合作者是华南理工大学MBA教授。

首先，“创业课程”是他的兴趣点，是他的需求；其次，“1000万人气”具有非常大的诱惑力；最后，合作者是名校教授，说明课程团队的水准高，合作的价值也更大。

对应需求，展现优势。事情自然就变得很简单、非常顺利了。

很多人在邀约更高层次的人的时候，都有一个误区，就是低声下气地去求人。

在这里再次强调一下，在邀约别人的时候，我们要做到谦虚客气，但不是低声下气。与更高层次的人交往的关键是平等对话。即使你现在还没有达到比较高的层次，但也要自信，让对方感受到你未来的潜力。如果你都不能相信自己的未来会更好，又如何让对方相信呢？

同时，无论与谁交往，都请记住：如果你想得到别人的帮助，请先想想你能帮别人做什么。

锦囊 070：如果你“先予后取”，大咖也会帮助你

问　题：打造个人品牌，如何才能获得大咖的帮助？

王一九：如果你“先予后取”，大咖也会帮助你

首先，大咖能够提供给你的帮助有：

1.帮你做背书，比如帮你写推荐语或者一起合影。

2.带你进入更好的圈子、认识更多优秀的人。

3.提升你的认知，拓宽你的知识面。或许你三年没想清楚的问题，他一句话就能让你茅塞顿开。

4.提升你的自信。如果经常跟大咖在一起，不知不觉间，你的气场和自信就会得到大幅提升。

5.激励你不断前进。你亲眼见到大咖那么优秀，还那么努力，自己会更有动力去奋斗。

6.帮助你养成好习惯。看到大咖的一些优秀习惯，你也会不自觉地跟随，逐渐形成习惯。

……

是不是很多人都想从大咖身上“获得”这些好处？但大咖凭什么为你提供这些好处呢？

所以，你要先想想，自己有什么能够帮助到大咖的地方？

也就是说，**先予而后得，先付出才会有回报**。

那么，大咖需要什么呢？

需要粉丝的认可，需要有人帮忙推广、帮忙管理粉丝、帮忙介绍客户和帮忙整理文字等。只要对方的需求中有你比较擅长

的，你就可以去帮他做这些事。

有人会说，我帮别人做事是要收费的。没错，你付出劳动，是可以收费的。但是你有没有想过，你想从大咖那里获得的东西，其价值可能要远远高于你所付出的劳动。

又有人说，我都帮了大咖几次了，什么回报都没有获得。

是的，有时候你帮助了别人，却没有获得任何回报，可能是因为他还没来得及回报你，你就不做了；也可能是对方觉得你的目的性太强，而有意为之。但是，有时候帮大咖做事，本身就是回报！

因此，无论什么时候，无论与什么人交往，真诚待人都是一条准则。你真诚地对待别人，别人也会真诚地回报你，这样才是做到了真正的互帮互助。

16 杠杆

锦囊071：人生的杠杆，就是做能起到关键性作用的事情

问　题：人生的杠杆，到底是指什么？

王一九：人生的杠杆，就是做能起到关键性作用的事情

什么是人生的杠杆？

人生的杠杆就是做能起到关键性作用的事情。

9年前我在一家集团公司工作。集团每周的早会上，会邀请一位员工当着全集团几百人的面，做一场5分钟左右的演讲。我争取到了这个机会。

那次演讲我准备了整整一周。我想要做到幽默风趣又主题深刻。风趣对于内向的我来说，是件非常困难的事情。

为了做好这次演讲，我不仅把要讲的内容全部写了下来，还修改了许多遍，然后反复演练。

那次演讲让全集团的人都认识了我，也记住了我。直到现在还有人记得我当年的演讲。

也正是那次演讲，让我的职业生涯有了更快、更好的发展。更重要的是，那次演讲让我突破了自己，获得了更大的信心。这

是最可贵的。

还有一种人生的杠杆，是遇到一个生命中的贵人。但前提也是你要不断地努力提升自己，只有这样，才有机会遇到能够给你更大帮助的人，而且对方也乐意为你提供帮助。

所以，我们无须去刻意幻想遇到贵人，而是要不断地去突破自己，不断地去做能起到关键性作用的事情。

|第四部分|

高手之路

01 专注

锦囊072：50分的技能，1分钱也赚不到

问　题：为什么学习了很多东西，生活却还是没有得到改善，是不是因为学得还不够多？

王一九：50分的技能，1分钱也赚不到

有个学播音主持专业的学员跟我说，她非常爱学习，但是学习了很多，却没有赚到钱。

我问她都学了哪些东西，她说学习了“演说技能”“社群裂变”和“情绪管理”。

她还报了一位知名老师的VIP课程，包括创富、创业、婚姻关系、人际关系和记忆力等，学费1万多元……

结果，学了这么多，每天忙忙碌碌，不仅没有赚到钱，还越来越焦虑了。

我帮她分析道：“这些知识都很有用，老师也都很专业。但如果你以为仅仅通过短期的学习，就能实现技能变现，那就是你的错了。”

“你想用50分的技能去赚钱，还期望赚100倍的钱，可能

吗？那些站在舞台上绽放光芒的人，都是通过长年的学习与积累，而且经过了无数次的打击，才最终收获成功的。”

我建议她，找到自己的个人定位，打造“声音美容师”的个人品牌。在加强专业知识学习的基础上，再围绕“如何练就好声音”进行深度学习。

然后，就可以去教做知识付费的老师在录制课程时如何发出好声音，教企业管理者在演讲时如何发出好声音，教创业者在路演时如何发出好声音等。

短短3个月后，她就开班招收学员了。赚不到钱，不是因为学得不够多，而是因为学得太多。

锦囊 073：做好当下的自己，切勿急功近利

问　题：为什么学了那么多东西，反而心情越来越浮躁？

王一九：做好当下的自己，切勿急功近利

一个人的精力是有限的，如果急功近利，学的东西太多、太杂，不仅会把自己累得半死，而且学完之后如果还没有收获，就开始产生焦虑情绪。

有的机构会接二连三地推送其他的课程让你学，尤其是如何快速致富、快速圈粉之类的课程，好像错过了一个课程，你就错过几个亿似的，又加重了你的亏损心理，使你的焦虑感与日俱增。

其实，你从来没有错失任何东西，那“几个亿”从来都不属于技能一般而又急功近利的人。可惜的是，很多人都被那些成功的个例冲昏了头脑。

那么，如何才能不再浮躁、不再急功近利呢？

专注当下最应该做的事情，好结果自然会呈现。

就像你要去爬华山，看好脚下的路，一步一步往上爬，不要怕慢，更不要一边爬着华山，一边又想着是不是应该先去爬泰山？

还有最重要的一点就是，在爬山的过程中，不要总想着登峰后的风景和成就感。认认真真地把每一个台阶走稳，最后必定能泰然自若地到达顶峰。

如果自己走在山下，心却在山上，不浮躁才奇怪。

平时心情浮躁的时候，可以深吸一口气，想象浮躁的情绪都在这口气中，然后慢慢地吐出去。待心情平静后，再提醒自己：

“专注当下最应该做的事情，好结果自然会呈现。”

锦囊 074：保持专注，才能提高心流状态

问　题：同一个时间段内，做多项工作，这样能提高效率吗？

王一九：保持专注，才能提高心流状态

多年前，我刚开始做品牌部经理的时候，由于部门业务比较繁忙，我会同时去思考几个项目的策略。当时我觉得自己很厉

害，工作效率很高，一天从早忙到晚，非常有成就感。

后来，公司新来了一个领导，他向我建议说："你这样做，看起来是很能干，能将多个项目齐头并进，但其实效率并不高，而且很难思考出最佳的策略。你应该保持专注，提高'心流'状态。"

之后，我在工作的时候，尽可能做到专注。果然，不久后做出了经典案例。这时，我才真正理解了"专注"与"心流"的含义。

心流是指做事时，全神贯注的忘我状态。

有一次我写方案，同事们下班后都走光了，我也不知道，竟然被锁在了办公室里。

这种状态下是创造力最高的时候。如果想要在专业或事业上获得更大的提升，提高"心流"状态是必不可缺的。

锦囊075："环境＋未来＋榜样"，助你快速进入专注的状态

问　题：学习或工作时，如何才能专注？

王一九："环境＋未来＋榜样"，助你快速进入专注的状态

如果问身边的同事、朋友们，他们每天保持专注的时间能有多久，有人可能会回答10个小时，有人可能会回答5个小时。

其实，我们每天真正专注的时间，能超过4个小时，就已经非常了不起了。

那么在工作的时候，如何快速进入专注的状态呢？

1. 选择适合自己的环境

我在写文章或写方案时，习惯去咖啡馆或办公室，有一些声音的地方，而不是完全寂静的地方。我会把手机调成静音，放到包里或抽屉里。然后打开文档，先缓缓地感受一下周边的环境，再慢慢地放下杂念，将注意力集中到文档的标题上。大概5分钟后，就会进入专注的状态。

有的人，会需要一个安静的环境。每个人的情况不同，找到适合自己的方法就好。

2. 想象未来有成就的自己

你可以想象未来的自己。比如，你未来的目标是成为一个伟大的企业家，那么就不会被眼前的琐事困扰，一会儿觉得工作太多而工资太低，一会儿觉得工作太难而不想去做…… 从未来看现在，让自己的内心沉静下来，继而专注起来。

3. 用榜样人物鼓励自己

找到你的榜样人物，当你无法专注的时候，想想榜样人物会如何做。用榜样人物，激励、鼓舞自己！

02 积累

锦囊 076：所有没有累积的事情，都不值得做

问　题：三年换了两份工作，感觉什么积累也没有，怎么办？

王一九：所有没有累积的事情，都不值得做

有的人，工作几年后，又重新换了一个行业。那么这几年的时间，在职业积累上来说，等于0。

比如，A在健身行业工作了三年，后来去做了服装外贸。那么，他在健身行业所累积的客户资源、行业资源和健身技能等，几乎都浪费了。

而B也是在健身行业，同样工作了三年，也拥有相同的技能水平。但是在第四年，A转行到服装外贸行业的时候，B开了一家很小的健身房。这时，B就可以将过去三年的累积全部用上。等到第五年，B又开设了线上健身训练营的课程，而第六年，则可能有一家大型连锁机构要收购B的健身房……

还有的人，三年就换了几份工作，每份工作还都是在不同的行业。到最后，行业是了解了不少，却没有任何积累。

没有积累，你的努力注定只能白费，因为价值是不断累积出来的。

因此，所有没有累积的事情，都不值得做。

锦囊 077：最好的人生算法，是做有积累的事情

问　题：最好的人生算法是什么？

王一九：最好的人生算法，是做有积累的事情

有个学员说，她很想专注地去做一件事情，因为这样才能有积累。

我问她做过什么，她回答说社群运营、文案、会计和烘焙等。她做过很多事情，却没有一项精通，因此自己也不敢选择其中一项去创业，更没有人敢给她投资。

自从加入“一九个人品牌私董会”以来，最深刻的感受就是，太多的人做事情，包括很多老板，都是今年做这个，明年做那个，始终没有找到自己的定位，白白耽误了十多年的时间，最后还是没有多少累积，因为一旦转行，之前的积累就重归于零。

确实，有人抓住风口狠狠地赚了一笔，但99.99%的人没有那么幸运。而且，只靠运气赚的钱，往往也会凭实力亏掉。

种下一棵小树苗，不能期望它一天就能长成大树。

人也一样，找到一个适合自己的定位，然后狠狠地扎下根去。只要不断积累，最后就能长成一棵参天大树。

03 高效

锦囊 078：学会“方法 + 工具”，实现高效工作

问　题：总感觉自己做事很慢，一天下来什么成果都没有，但又觉得自己并没有浪费时间，究竟是哪里出了问题？

王一九：学会“方法 + 工具”，实现高效工作

第一是掌握高效的方法，比如专注。

有个学员说自己一天很忙，但是等到晚上一盘点，才发现实际上做的事情非常少。她很苦恼，不知道是哪里出了问题。

她说：“昨天边买东西边写文章，花了半天时间，东西没买好，文章也没写完。感觉一天啥都没干。”

我问：“半天时间，怎么还没写好呢？”

她说：“买东西要向客服咨询啊，对方回复又慢，我只好等回复之后，再继续写。写着写着又想到其他问题，又去问。”

我说：“拿起手机，直接打电话，可能3分钟就能咨询完所有的问题，然后直接下单。接下来你就可以专心写文章了，自然文章很快也就写完了。”

打电话比打字的效率要高10倍。我每次买东西，如果需要咨询客服的，就直接要客服的电话，然后打过去，几分钟就能买完。

大脑喜欢一段时间内集中做一件事情，如果来回切换，每次就会重新开始。边买东西边写文章，结果就是什么都没有干好，浪费了整整半天的时间。

第二是擅用高效的工具，“工欲善其事，必先利其器”。

我喜欢用苹果电脑，因为反应快，不用关机，搜索功能强大，可以节约大量的时间。

我用的鼠标是“快鼠”，直接讲话就可以出字的鼠标，讲1分钟的话相当于5分钟的打字内容。

我用的笔是“印象笔”，写完直接上传到APP上，整理起来特别简单。我还研究了数十种软件，整理了100个PPT模板。这都是对工具的应用，能帮你提高效率。

“好方法+好工具”，让你一天能做很多事情！

锦囊079：抓重点，是做事的重要原则

问　题：事情越多的时候，越不知道应该从哪件事情做起。结果越做越忙乱、越没有结果。这种情况应该怎么办？

王一九：抓重点，是做事的重要原则

工作繁忙的时候，需要做的事情自然会很多。

如果不能做出合理的工作计划，那么很容易就会陷入忙碌之中。结果就变成了明明忙碌了一天，到头来却发现并没有做出什么实际成果，甚至还会耽误重要事项的进度。

那么，怎样才能做出合理的工作计划呢？

有一个重要原则，就是“抓重点”。

无论是在职场打拼，还是自己创业，都要学会“抓重点”。

在职场打拼，“抓重点”就是先做重要的、紧急的事情，后做重要或紧急程度次之的事情，而不是“眉毛胡子一把抓”。

自己创业，“抓重点”就是只做对自己事业发展最关键的、最核心的事情，而不是所有事情都做、什么项目都接，更不是所有事情都亲力亲为，不给员工学习的机会。

这段时间，给学员做1对1咨询。我会要求他们把自己认为最重要的事情全部写下来，然后一件一件分析，看看是不是真的是最重要的事情。

如此一来，不仅效率大大提高，思路也更加清晰、开阔了。

04 复盘

锦囊 080：复盘是对知识的内化与吸收

问　题：对每天的收获做总结与盘点，简称“复盘”。通过复盘，你都有哪些收获呢？你又是如何复盘的？做个人品牌为什么要复盘？

王一九：复盘是对知识的内化与吸收

为什么很多人学习很认真，学到的知识却很少？看着学了很多东西，可是一年下来，却没有什么收获。

这一定是因为看着是学了，但没有把所学到的知识“内化”成自己的。也就是说，所学的知识，你并没有真正吸收。

我们知道学习存在几个层次。被动的学习，效果有限，所能吸收的知识可能只有5%。而复盘是一种主动的吸收，增加10倍效果，一点都不夸张。

其实，古人很早就提到过“复盘”的概念。孔子说：“学而时习之，不亦说乎？”

“学”是学习，“习”就是复习、练习，而复习就是复盘。这说明复盘和学习应该是在一起的。

不复盘有什么坏处呢？

孔子又说：“学而不思则罔，思而不学则殆。”“罔”就是迷惑而无所得，用现代的话来说就是“焦虑”。

只学习不复盘，反而使人焦虑。由此可见，课程买得越多的人反而越焦虑。

“殆”同“怠”，是精神疲倦而无所得的意思，只复盘不学习，反而会让人精神厌倦，这大概就是一些人会厌学的原因吧。

那么我们究竟应该如何复盘呢？

比如，我今天读了一本书，读完之后，我回忆了一下，在本子上写下了书中的9个知识点。

这样，我们对于学习的理解和收获，就远远超越了书本本身，甚至超越了作者，这就是复盘带来的巨大价值。

锦囊 081：复盘，让自己不要重回老路

问　题：每天工作结束的时候，你会复盘自己一天的收获吗？复盘给你带来哪些重大收获？

王一九：复盘，让自己不要重回老路

前段时间，和一个设计公司的老板聊天，他是设计师中的高手，但业务量却很少，而且单价很低，与他的水平完全不匹配。他很苦恼，觉得自己的技术水平这么好，怎么却没有客户呢？我发现他把90%的时间都用在研究技术上了。

我建议他，一天花50%的时间来拓展客户，仅仅把身边有设计需求的人都挖掘一遍，就能提升几倍业务量，而且身边的朋友还会感谢他。

他听了我的建议，坚持这样做了几天，效果提升很明显。可过了几天，一松懈，又回到90%的时间都在研究技术的老路上了。

我有个学员，说想要学习演讲，想做演讲培训老师。

我说，既然如此，你就应该每天用50%的时间来研究演讲。但是，几天之后，他又重新回到每天80%的时间都做琐事的状态。

其实，我们每个人都会随着自己的惯性，无意识地往前走。这就导致了大部分人的生活就像在绕圈。如果能有人来不断地提醒，情况会好很多。但是，99%的人都不会这么幸运，能够遇到这样的朋友。

那么怎么办呢？养成自己每天复盘的好习惯。

坚持每天复盘，看看自己是不是还在原地打转。

只有坚持每天复盘，提醒自己一定要突破原地踏步的这个怪圈。假以时日，你就会发现自己真的走了出去，眼前一片开阔！

锦囊082：复盘，避免两次跳进同一个坑

问　题：为什么有的人总是跳进同一个坑，而有的人却总能绕过去？

王一九：复盘，避免两次跳进同一个坑

一个人两次跳进同一个坑里，说起来好像是个笑话。但其实，很多人都在做这样的事情。

比如，有人为了创业，匆匆找了一个项目，做得很艰难；因为很艰难，就又匆忙找了另一个项目，可想而知，一定又很艰难；等到第三个项目，就更加匆忙了，还是如此。因此，后来总结出一个经验，就是创业很难，但其实那些懂得创业的人，一点都不觉得难，他们做一个项目就成功一个项目。

失败的教训不总结，下次还会陷入同样的坑。

很多年前，我在刚开始做PPT方案时，总是写得很多，动辄就写100多页。我认为方案应该内容丰富、详尽，但连续几次的结果，都是上司不满意，客户更不满意。

通过复盘，我才意识到，其实客户需要的是一个能够解决问题的方案，而不是列举很多内容、写很多页，客户就能满意。之后，我写方案的时候，就以解决问题为核心。

所以，**复盘不仅是回溯过程，更是思考与总结**。

我在第一次创业时，就想招募能力强的员工，其实这是个大坑。在经历过这样的坑之后，我通过复盘，总结出了创业公司要招聘“认可自己的人”，而不是能力强的人的结论。等到再招人的时候，就成功地避免了第二次跳进这个坑。

所以，**复盘能帮你找到可复制的方法**。

无论是打造个人品牌、做项目，还是开公司，都是同样的道理。

每一次，完成一个项目之后，写一篇复盘笔记，思考和总结经验教训，记录成功的方法。我做12小时直播，结束后就在公众号写一篇复盘文章。我去学习华杉老师的品牌课，学习曾子传人的《大学》课，也会在公众号写一篇复盘文章。

每过一年，我们都应该做一次人生的复盘，总结上一年的教训与经验，从而让自己未来的路走得更快、更顺畅。

这就叫事事复盘，年年复盘！

05 深度思考

锦囊 083：深度思考，就是发现问题背后的问题

问　题：什么是“深度思考”？

王一九：深度思考，就是发现问题背后的问题

我们举一个工作中的例子，能够比较形象地说明这个问题。

比如，你安排一位设计水平比较高的员工，去设计一张海报。结果设计出来的效果让你大跌眼镜，完全不是这位员工的正常水准。

你有些疑惑，于是问员工：为什么效果这么不理想？

员工回答说：因为手上的工作太多了，所以没有时间仔细地去研究海报的主题与文案。

如果你听完之后，点点头，嘱咐员工抽时间再改改，然后就去忙别的事了。那么你的思考只是进行到了第一步，便戛然而止了。

如果你把员工的回答，又进行了进一步思考，也就是思考进行到了第二步：员工的工作是安排得太满了吗？因此导致工作效率和效果降低了？

然后思考会引导行动：

1.你查看了员工的工作安排，发现确实是超出了他的负荷。

2.你查看了员工的工作安排，发现工作并不饱和。

如果是第1种情况，看来确实是因为工作安排得不够合理，需要及时进行调整。

如果是第2种情况，就需要与员工进行沟通，看看是什么原因导致了员工的消极怠工。

那么，到了这一步，应该算是“深度思考”了吧？

还不是。

在发现和解决了问题之后，如何避免或减少类似的问题，是思考的第三步。比如加强工作流程管理、加强人力资源建设、加强员工激励和加强员工关怀等。

如果思考只进行了第一步，那么就是“无效思考”。

进行到了第二步，通过思考发现了问题的原因，然后通过行动解决了问题，才算是“有效思考”。

而只有到了第三步，通过发现的问题，改进和完善了公司的管理，才是真正的“深度思考”。

无论是在工作还是生活中，当我们发现问题的时候，就要不断地进行深入思考，这样才能养成“深度思考”的习惯，看问题才能看到本质，才能站在更高的层面上去解决问题。

锦囊084：找不到“深度思考”的路径，你就一直逃避思考

问　题：总是无法“深度思考”，一遇到困难就会逃避，该如何解决？

王一九：找不到“深度思考”的路径，你就一直逃避思考

我以前有个同事，写方案的时候，只要想不到好的创意，就马上放下正在写的方案，然后到处找些不需要动脑的活干。比如帮同事打印文件、改表格，去帮人搬桌椅……一天下来把自己搞得忙忙碌碌的，好像很有成就感。可方案却还放在那里，没有任何进展。

还有一个同事，有次我们一起探讨如何通过自媒体来拓展客户。讨论了5分钟后，他觉得太难了，还是想想线下渠道吧。又过了5分钟，他发现线下渠道也一样有难度，又提出了是不是可以做一场行业联谊会……

这都是因为没有养成“深度思考”的习惯，所以才会一遇到困难就会选择逃避。那么如何开始深度思考呢？

找到深度思考的路径。

我们以“通过自媒体拓展客户”这个事例来举例。

首先，我们应该思考“选择哪些自媒体”。

其次，主要平台的内容类型和风格是什么？如何结合用户的偏好进行内容策划？

最后，如何传播出去，引起用户的关注及传播？

顺着问题一步步推导，就找到了深度思考的路径。

那么如何养成“深度思考”的习惯呢？

无论是在生活中还是工作中，遇到问题，多问几个“为什么”。

比如，我看到一本讲如何写文案的书，书中说“最有杀伤力的广告语是7个字”。

我会想，真的吗？于是我搜索著名的广告语，找出了效果最好的100条广告语，果然大多数是在7个字左右。

那么为什么7个字的传播效果最好呢？

我想，应该是因为7个字更容易阅读和记忆。

真的是这样吗？那就再想想，就会有自己的答案。

这样一番下来，不仅了解了更多知识，也锻炼和培养了自己“深度思考”的能力。

06 知识体系

锦囊 085：知识体系，才是最大的核心竞争力

问　题：为什么打造个人品牌，必须要建立“个人知识体系”？

王一九：知识体系，才是最大的核心竞争力

有个学员报了很多课，我问她，学习了这么多课程，哪一项你觉得学得比较好？她回答说，一项都没有。

我说：“你虽然学习了10项技能，但每项技能都只学了10分，那么总成绩并不是10 × 10 = 100分，而是还是10分。任何一项技能，只学了10分，是完全无法建立起自己的体系的。”

“虽然学了很多课程，但你没有构建自己知识体系的概念，所以看起来‘学了很多’，却无法专注于一个领域，实际上收获非常有限。从另一个角度来说，也是一种消耗，时间、精力和金钱的消耗。更为严重的是，这种消耗会打击你的自信心。”

当一个人有了构建自己知识体系的概念，就会专注于自己的领域进行深挖。经过不断深化，慢慢形成自己的知识体系，从而成为细分领域的专家，最后成为行业中的顶尖人才。

个人品牌的核心内涵是知识体系，即围绕某个领域构建的一套有逻辑的、系统化的、能够解决问题的方法论。

世界上最伟大的几个个人品牌：老子、孔子和苏格拉底等，即便现在已经过去了2500多年，我们仍然受他们思想的影响，他们依然拥有数亿粉丝，而且这些粉丝还在不断地裂变。他们的共同特点就是有一套非常完整的知识体系。

老子有一套国君如何做领导人的知识体系，他的《道德经》堪称一套领导人素养手册；苏格拉底建立了一种美德即知识的伦理思想体系，其中心是探讨人生的目的和善德，并构建了一套“认识自己”的知识体系。

这些个人品牌的影响力，从时间上影响了2500年并将继续传承下去；从空间上影响了全世界两百多个国家的人口，并将继续扩展。

从这些个人品牌中，我们可以得出结论，个人品牌的核心不是宣传，不是标签，更不是标榜自己是第一，一套完备的思想体系，才是个人品牌的核心内涵。

在商业社会中也有很多获得卓越成就的人，他们也是通过打造知识体系来获得事业上的巨大成功的。比如，乔布斯、雷军和巴菲特等，这些具有非凡成就的人都有一套自己的知识体系，并因此快速成就了个人品牌，创造了千亿规模的企业。

雷军最初做小米时并没有现在的知名度，甚至可以说知道他的人少之又少。如何不花钱又能快速提升个人影响力？他建立了一套互联思维的知识体系，即“专注、极致、口碑、快”，被称为互联网思维7字口诀。

其知识体系为公司带来的关注度，远远超越数亿广告费带来的流量，让雷军一下爆红整个网络，红得发紫。雷军还有一套爆款理论，帮助小米手机一年出货量达到6000万件。

这两大知识体系，使小米以最快的速度发展成世界500强公司，上市市值高达3700多亿港币。

美国的巴菲特有一套关于投资的知识体系，即“价值投资”理念，这套知识体系指导他只投最有未来价值的公司，帮他赚取了1000多亿元的个人财富，曾经帮助他登上世界首富的宝座。

99%的人误解了打造个人品牌的核心含义。

07 圈子

锦囊 086：圈子对了，事就成了

问　题：为什么很多企业老板都要加入一些“圈子”呢？

王一九：圈子对了，事就成了

你有没有遇到过这样的情况：

有个问题，你百思不得其解，问了身边所有的朋友，都没有人能回答你。

一年后，你参加了一场学习，老师的一句话就点醒了你。你突然感觉到，自己浪费了一整年的时间。

因为你身边的朋友，大都和你处于一样的思想水平。大家对事物的认识，基本都处在同一个层次上。

正如，在同一个池塘里的鱼，看到的永远都是一样的池水。

但事实上，世界上不仅有长江、黄河，还有太平洋。

所处的位置，决定了鱼的眼界，也决定了它能游多远。

一个普通员工，无论与多少同样是普通员工的人交流，得出的结论依然是“跳槽”和涨工资。

但如果加入了创业者的圈子，就会潜移默化地逐渐养成“创业者思维”。

不会再去想着如何提升工资，而是自己如何销售出100万元的产品。

一个年收入100万元的老板，加入了年收入1000万元的圈子，很快也就有了“年收入1000万元”的想法。

他就再也不会去思考如何维持100万元的收入规模，而是转而思考如何升级，才能实现年收入1000万元的目标。

一个年收入1000万元的老板，加入一个投资人圈子，很快就有了“投资人思维”，他的构想将是如何多赚几个亿，是怎么融资把企业规模做大。

他会思考如何投资赚钱，而不仅仅是卖货赚钱……

你想要和谁一样，就要多和他交流，加入他的圈子。

圈子改变认知，认知改变做事方法。

锦囊087：提升交流圈层，不断向上努力

问　题：如何扩大自己的认识层面，提升自己的思维层次？

王一九：提升交流圈层，不断向上努力

早些年，我刚开始做品牌顾问的时候，日常交流对象主要是身边的同事、同行。80%的业余生活，也是和同事、同行去吃饭、喝茶、唱歌。

后来我发现，因为大家从事的工作一样，大都是做策划、文案和设计工作的，所以在交流和沟通中，很难获得新的知识。

我意识到了，如果要扩大自己的认识层面、提升自己的思维层次，就必须扩展和提升交流的圈层。

当时虽然也谈大客户，比如中国移动、华为和招商银行等，但都是站在公司平台上去谈的，与自己以个人身份去开发客户完全不是一回事。

我开始花大量的时间向销售同事请教。通过与销售同事的交流和学习，我学会了如何开发客户，并成功地在工作之外签下20万元的副业订单，这相当于我一年的工资了。

后来，我开始打造个人品牌，今年我做第一次产品发售，12万元的单价，一次就招募了70人。

之后在工作中，我开始有意识地与不同层级的企业主进行深入交流，从年销售额几百万元的企业主，到年销售额几千万元的企业主，最后再到年销售额几亿元的企业主。

在这个过程中，听他们谈论如何做生意、如何想尽办法解决困难，我不仅扩大了认知范围，提升了思维高度，也被他们做事的执着和坚定所感染，被他们的奋斗精神所触动。

最终，我从“打工思维”升级到了“老板思维”，几年前辞职创业，顺利开启了自己的事业。

锦囊088：提升做事层级，才能突破困境

问　题：面临困境或“瓶颈”时，能不能找到办法解决，还能够让业绩增加一倍？

王一九：提升做事层级，才能突破困境

如果你遇到了困境或“瓶颈”，请相信自己，一定能找到解决方法。

这个方法就是**提升做事的层级**。

如果你每天都1对1谈客户，你可能1年才谈100个客户，成交20个客户。

一个学员，用的是浪潮式发售法，第一次就获得了100个用户，突破5万元收入。

一个学员，用的是裂变式发售法，一次发售就实现了84万元的收入。

一个学员，用的是商业模式法，用代理裂变代理，前年营收2个亿，今年想要突破10个亿。

你会发现，只要能提升一个层级，收益的增加就不止一倍，而是几倍，甚至是几十倍、几百倍。

我也和学员们分享了我是如何不断提升层级的：

2017年，我是一个一个地接待客户。

2018年，我运用了平台的力量，签约了网易、腾讯课堂等平台，有13万人学习我的课程。

2019年，我开启了“一九个人品牌训练营”，实现了客户裂变客户和资源链接。

2020年，我将“一九个人品牌训练营”升级为“一九个人品牌私董会”。

假如我不从第1阶段升级到第2阶段，我一个人想找13万客户，需要花费100年的时间。

假如我不从第2阶段升级到第3阶段，我就无法链接到各种商学院、大学和电视台等平台和机构。

假如我不从第3阶段升级到第4阶段，我就没有办法服务更高端的客户，那些企业家、网红和知名培训师就不会纷纷到来！

不断提升做事的层级，就会不断实现事业的突破！

锦囊089：与更高层次的人交往，实现认知突破

问　题：想要事业有所突破，却找不到突破点，应该怎么办？

王一九：与更高层次的人交往，实现认知突破

你有没有这样的感觉，虽然自己一直很努力，但总是感觉无法突破。好像哪里卡住了，却又说不上来？

比如，你很努力地工作，但职位晋升至总监或副总之后，再也升不上去了。平时和同事、同行交流，你也很努力地想从大家身上学到一些优点、经验。但实际上大家的层级差不多，经验也都差不多，很难学到什么。

你很努力地跟大家聊如何突破、如何改变。结果却发现，聊来聊去，都是公司、同事和同行的闲话。

你发现自己虽然很努力，却又是那么无力。

如果你有一个非常成功的创业者朋友，那么结果就完全不同了。

你的好朋友不仅会持续不断地向你分享他的成功经验，还会帮你挖掘你身上的优势。

如果再提高商业认知，你的收入更会提升十倍，甚至百倍。

当然，这中间有很多的细节，需要不断地和更高层次的人士学习，加入更好的圈子，才能更好地实现。

很多人都知道要和更高层次的人交往，才能学习到更多经验和知识。但是，具体怎么才能做到呢？

这里给出一个可行的建议：

列出你自己或通过朋友能够联系到的10个更高层次的人，从中选出3个目前最值得你去学习的人，然后真诚地与对方交往，虚心地请教，并且帮助对方做一些你力所能及的事情。那么对方自然也会乐于向你分享他的成功经验，尽可能地给你提供帮助。

需要注意的是，这种交往是以学习为目的，不能功利心太强。只有真诚地对待别人，别人才会真诚地对待你。

08 写作

锦囊 090：建立知识框架，每天只写一个知识点

问　题：如何做到每天坚持写作？

王一九：建立知识框架，每天只写一个知识点

如果你觉得每天坚持写作很困难，甚至觉得每天输出一篇文章是登天一般的难事，那一定是你没有梳理、制订出自己的知识框架。

每一个行业领域都有着大量的知识点，而且这些知识点还会随着行业、技术的发展而不断扩增。

当你围绕自己的个人品牌定位，梳理、制订出自己的知识框架后，在现有框架的基础上，即使每天只写一个知识点，也能写上几个月。

而且在不断输出内容的同时，又在不断地输入新的知识点。如此循环，只会越写越多。

如何梳理、制订出自己的知识框架呢？

网上从来不缺少知识点，只是太散乱，不够系统，而且很多内容是不准确的，甚至是错误的。往往我们看了大量的内容，其

实仅仅只是围绕一个小点在讲，而看不到全貌。这也是大家要付费购买课程去学习的原因。

所以不建议你去网上搜集、整理，最好是去向自己所在领域的“大牛”请教。

比如，你的个人品牌定位是心理学，那么去找心理学领域的专家，向他请教心理学的知识框架是什么样的，并请他推荐专业书单。在此基础上，再一步一步地去填充、完善自己的知识框架。

梳理、制订出知识框架后，又该如何做呢？

每天输出一个知识点。需要注意的是，不要贪多。

把一个知识点写透，就是一篇好文章。

比如，很多人说打造个人标签，那么具体该如何做呢？这就是一个知识点，对那些不知道如何打造个人标签的人来说，这就是一篇很好的文章。

如何才能将文章写得又快又好呢？

找到一种适合自己文章类型和风格的结构形式。对于写作新人，我推荐“三段式”这种作者写起来简单，读者读起来也轻松的形式——开篇写观点，中间讲故事或案例，结尾做总结或下结论。

前期，你可以每天按照这种结构形式来写，等到熟练之后，就可以根据自己的喜好、发展方向、发展情况及读者反馈等因素，来调整结构形式了。

锦囊 091：写作除了能够提升知名度外，还有 100 个好处

问　题：写作会有利于打造和提升个人品牌的知名度吗？

王一九：写作除了能够提升知名度外，还有100个好处

有的时候，我们如果不仔细地、彻底地去分析做一件事情的好处，就没有办法安心去做这件事情。

比如写作。

很多人无法坚持写作的原因，有一点就是没有完全了解到写作的好处。

如果你仔细分析，就可以找出10个、50个，甚至100个好处。

当你发现并真正意识到了这些好处的时候，就再也不会觉得写作这件事有多困苦了。

下面，我就简单列举几条。你可以看看，哪些你已经想到了，哪些你还没想到。

1. 写作，是对知识的重新整理

你可以将自己了解和掌握的知识点汇聚起来，再经过梳理，会让自己的思路更加清晰，并且逐渐积累、建立起自己的知识体系。

2. 写作的过程，也是深度思考的过程

写一篇文章，收获最大的人是作者自己。因为写作的过程，也是深度思考的过程。如果每天都能进行一次这样的深度思考，

相信100天后你的思维能力会得到大幅提升。

3. 写作，可以大幅提升学习效率

我们在学习一项技能时，如果只是单纯地去看教程，收获可能只有5%，而围绕这项技能的学习，去写一篇文章，收获却能达到100%，甚至200%。因为在写文章的过程中，你不仅会将这项技能的知识点融会贯通，还必然会涉及其他相关的知识点，从而进一步提高知识的积累程度，扩大认知范围。

4. 写作，可以更有效地传播个人品牌

很多人都树立了自己的标签，也有了自己的知识体系，却无法顺利地打造出个人品牌。这是因为缺少了“写作”这一环节。

个人品牌的传播途径有两个：一个是讲；另一个是写。而“写”比“讲”的优势要大100倍。原因如下：

①写作或发表文章的平台非常多，各种内容平台，如微博、微信公众号和各种媒体平台等。而“讲”的平台，就要少很多了。

②写作被人们视为一种更为严肃、庄严的创作形式，因此人们对文字的信赖感更强。一个人的专业程度也体现在其是否“著书立说”。

③“讲”的承载形式，如录音、视频，听众需要从头听到尾，而读文字可以一目数行，可以选重点部分阅读，更便捷、高效。

④文章传播的时间更长，即便几千年之前的文章，我们现在还在看，还在学。

5. 写作，可以锻炼自己的专注能力

当你专心写一篇文章时便会心无杂念，沉浸在文字的世界里。长期坚持写作，会极大提升你的专注能力。同时，写作使人内心平静，忘却烦恼、忧虑，减少焦虑情绪。

6. 写作，可以激发创意

写文章是一个创作的过程，在这个过程中，能够更好地激发创意，提升自己的创造力。

7. 写作，可以收获巨大的成就感

……

人们在阅读你的文章的过程中，不仅会有所收获，也会建立起对你和你的产品的信任，那么自然而然地就会产生购买行为，而不需要你去特意推销。

有很多人坚持每天写作，比如罗振宇每天都写，李笑来每天都写，村上春树每天都写。

有一次会议，陈春花老师告诉我，她每天坚持写2000字。陈春花老师是大学教授、著名的管理学专家，还管理过千亿规模的企业。她早早就是名人了，还坚持每天写文章。

既然他们都能坚持写，我为什么就不能坚持写呢？因此，从2014年开始，我几乎每天都在写文章，除了生病住院外，绝不中断。

每天写2000字，一年就是73万字。请你想想，这是多么大的成果？

锦囊 092：坚持写作，至少十年

问　题：你能坚持十年，每天都做一件事情吗？

王一九：坚持写作，至少十年

很多人问，写作应该写多久呢？既然要写，那就天天写啊，坚持10年。

去年有很多学员也在跟着写自己的“每日一问”，都有很大的收获。我来总结一下长期写作的三个好处。

1. 写每日一问，可以养成深度思考的习惯

这点对事业发展至关重要。想要事业有成，必须要有思维高度，就需要养成深度思考的习惯。深度思考不是学了一套理论就能掌握的，而是每天不断地思考，磨炼出来的。这就像是铸剑，不是对照着说明书就能铸造出倚天剑的。

和一群人一起思考，得出自己的答案之后，再看看别人的答案。这样就能站在不同的角度去看待问题，扩展自己的思维，也是一件很快乐的事情。这本书，就是从500多个“每日一问”中，挑选出来的100多问。

2. 写每日一问，是打造个人品牌、积累终身价值的最好武器

说“最好”，是因为没有第二。短视频、直播课程等，都很难留存到十年以后。

想要练出快速写作的本领，只需要每天坚持写300字。一个月后，你就会发现写作的功力大增。我自己已经坚持写作五年多了，没事就写写，对此深有感触。

我来给你算一笔账。每天写300字，一年就是300 × 365=10.95万字，可以编成一本书了。如果每天写1000字，一年就是36.5万字，是两本书的量。

你可以给自己做一个出书的计划，哪怕是电子书也好。

3. 写每日一问，是一种静心的修炼

沉浸在写作之中，就如同禅修一样，心无二用，完全忘记外面的世界。写作是一种静心的锻炼，和瑜伽、禅修、打坐是一样的道理。

锦囊 093：用增量思维，看待内容输出

问　题：写文章写了一段时间之后，发觉没有东西可写了，该怎么办？

王一九：用增量思维，看待内容输出

为什么有的人写文章，素材似乎用之不竭，永远都有内容可写？

答案就是“增量思维”。

以增量思维来面对内容输出，就不会出现写一段时间后发现没有东西可以写的困境。脑子里的内容，就算写10本书也写不完。

与增量思维相对应的，就是存量思维。

存量思维就是只看到现在有多少，用现在的眼光看待现在拥有的知识。而增量思维就是用未来的眼光看待自己将会拥有的知识。

就像银行卡里有10万元钱，用增量思维来看待，就永远不会花完，因为你还会不停地赚钱。而用存量思维来看待，你就会一直担心钱花完了怎么办，变得过于小心翼翼，一分钱也不敢多花，变成“守财奴”，故步自封，自己把自己封闭起来，失去了许多学习的机会。

想要钱花不完，不是不花钱，而是要多赚钱。要舍得花钱让自己变得更好，这样才能越来越会赚钱。

其实，真正写文章的人，会越写越觉得有更多的东西可以写。

因为在写的过程中，你会发现自己有越来越多的盲点，于是就去买更多的书来学习，接着就有了更多的感悟，自然就会有更多的东西可以写。

我的第一本书《从0到1打造个人品牌》，全书共15万字。现在看来，还有很多东西没有写进去。因为我每天都在学习新的知识，每天都有新的实践和感悟。

我现在又写了这本《人人都能打造个人品牌》，发现还有很多东西没有写完，再写10本也写不完。因为每天都与学员1对1深度沟通，每天都有新的问题。

李欣频写了50多本书，游历过50多个国家，还获得了博士学位。她每天都看一本书、看一部电影，就是为了快速增加自己的知识存量。

增量思维不仅可以用在写作上，还可以用于客户开发和人际关系等方面。要善于运用增量思维，而不是将自己锁定、限制在当前状态。

09 金钱

锦囊 094：如果你每天都想着赚钱不重要，那么你一定赚不到钱

问　题：总有人说“我做事不是为了赚钱，而是为了做有意义的事情”，你怎么看？

王一九：如果你每天都想着赚钱不重要，那么你一定赚不到钱

今天，有个做中医的学员给我发消息说：“我一直觉得中医很好，但是我做这个，并不是奔着赚钱去的，更不是奔着赚快钱去的…… 我是想让更多的人受益。”

想要做好事、帮助别人是很好的，但是这并不妨碍你赚该赚的钱。如果真的不赚钱，那么事业又如何发展？如何能帮助到更多的人呢？

而且当一个人经常想着“不为赚钱”，在和朋友聊天的过程中，经常谈自己做事的目的并不是赚钱，长此以往，就会给自己种下一株心苗，那就是“我不想赚钱”。

心心念念，必有回响。

经常心心念念“不为赚钱”，那么不为赚钱就会真的变为

事实。

因为在你的强烈暗示下，你已经失去了将事业做成功的动力和信心了。

那么，如果天天想着赚钱，是不是就能赚到钱呢？

“吸引力法则”讲到了这一点，大意是：只要心中一直想着有钱，就会变得很有钱。我觉得这个表述恰恰误导了很多人。

既然天天想着赚钱，就说明自己目前的生活很不理想，至少是对目前的生活很不满意。这就给了自己一个反面的心理暗示——“我很差”。一个很差的人，又怎么能获得更好的生活呢？

一家很缺钱的公司，很难融到钱；

而一家不缺钱的公司，大家争着要投资。

一个很缺钱的人，费尽口舌，也很难借到钱；

而一个不缺钱的人，轻轻松松可以借到很多钱。

如果你目前只是一个小白领，月薪五六千元，那说明你未来有非常大的空间啊！而且你年轻有活力，有多少高管羡慕你呢！

如果你现在事业不顺，处于低谷，那说明接下来，你将迎来事业的上升期……

眼下，就是你最好的状态。

只有相信自己，你才能吸引到更好的人和资源。

最后总结一下：

好好做事，不要让“我不想赚钱”形成心理暗示，变成自己的障碍。

当然，也不用天天想着要赚大钱，被欲望支配了自己的人生。内心保持充盈，多读书，多思考，每一天都努力精进，好的结果自然会呈现。

锦囊 095：如果你每天想着存钱应急，那么你会有很多紧急事件

问　题：为什么每天想着存钱，结果却发现存的钱很快就花完了呢？

王一九：如果你每天想着存钱应急，那么你会有很多紧急事件

一个学员来学习个人品牌课程，在交谈的过程中，我发现他有两句话会经常说。

第一句是：

多存点钱，有不时之需时也好应对。

虽然我只是讲品牌课，但有时发现学员其他的问题，也会多聊几句。

我说："你一定是每年都能赚不少钱，但是很快就没钱了。"

她问："您是怎么知道的？"

我说："你的语言里透露出来的潜意识，决定了你很快就会没钱的结果。"

"当你经常下意识地想到会有'不时之需'时，那么你的'不时之需'很快就来了。这就是著名的心理学效应'墨菲定律'——事情往往会向你所想到的不好的方向发展。"

“如果你的潜意识中，常常会幻想有什么坏事发生，想得久了，就心想事成了。”

她说：“真的啊，过去我总是存下一笔钱后，要么是生病把钱花完了，要么是家里出事了把钱花完了。”

我说：“你以后可以改变一下想法，‘存钱是为了更好地生活，或者是为了生出更多的钱’。把那个‘不时之需’在心底永远地删除掉。”

第二句是：

我不是很在乎钱，我想做些有意义的事情。

我说：“你以后再说这句话的时候，把前半句去掉。”

她说：“我真的没有那么在乎钱，我对生活要求不高。”

我说：“既然你不在乎钱，那么钱也不会在乎你。因为你的潜意识里就不想拥有钱，而你的潜意识会潜移默化地影响你的思维和行动。”

“人应该怀着善意做利他之事，但是没有必要反复强调自己不在乎钱。如果要强调的话，也应该是‘我要做有意义的事情，顺便赚大钱’。”

心心念念必有回响，你有什么样的念想，你就会得到什么样的生活。

有人说，我也想赚钱，为什么就是赚不到呢？因为有的人不是念想，而是在大脑里空想了一下，而在潜意识中会说：“啊，不可能的，就算我想了，也赚不到的。”这个念想，才是你真正的想法。

10 信任

锦囊 096：信任，是未来最大的红利

问　题：如何找到流量红利？

王一九：信任，是未来最大的红利

如果做生意很讲诚信，那么很快就会获得客户的信任。通过客户的口碑传播，就会吸引来更多的客户，连广告都不需要做。比如老干妈，如今每年的销售额高达几十亿元。

想要做好事业，最重要也是最核心的要素是诚信，流量只是辅助。只有诚信，才能收获客户的信任；只有客户信任，事业才能长久地发展。

未来十年，谁能真正做到"诚信"这一点，谁就会获得大量的客户。

举个例子来说，你刚刚开始创业，就已经有了10个客户。这时候，你还需要大量引流吗？

答案是如果你的服务能力可以满足1000个客户的需求，就可以大量引流。如果你的能力只能满足10个客户的需求，就不需要引流。你所需要做的就是用心服务好这10个客户，获得他们的信任。这样，很快就会有100个、1000个、10000个客户找到你。

假如你“贪多”，去大量引流，引来了1000个客户。实际上你的业务能力只能服务好10个客户，你所承诺的自然都是无法做到的。结果只能是，客户觉得受到了欺骗，不仅1000个客户都会离你而去，而且会造成无法弥补的恶劣影响。

11 创造力

锦囊 097：没有创造力，就没有核心竞争力

问　题：拥有了一项娴熟的技能，就是拥有了核心竞争力吗？

王一九：没有创造力，就没有核心竞争力

创造力是个人发展的核心竞争力。那些能够创造出新概念、新理论、新技术的人，会更受认可和欢迎。

技能是一项竞争力，但唯有不断创新富有创造力的技能，才能获得持续的竞争力。

普通的技能只能获得普通的收入（行业平均收入），而富有创造力的技能，才能获得意想不到的高价值。

苹果手机每年更新迭代，微信版本每年更新迭代好多次，那些正在研发这些新功能的人，都是企业的核心员工，个人价值自然不言自明。而只会写普通代码的员工，自然只能拿着行业平均工资，并且随着工作年限的增加，竞争力反而不断地下降。

那么，我们该如何培养自己的创造力呢？

其实，培养创造力，并没有想象中那么难。

最简单的创造，就是重新组合。

比如你是蛋糕店店主，开发了一系列富有互联网特色的蛋糕，那么就是创造了新的产品类型“互联网蛋糕”；比如你是健身教练，开发出了一种“APP+线下健身”的练习形式，那么就是创造了一种新的健身方法。

上面仅为举例说明，我们身边有许多大家都熟悉的项目，比如许多互联网+项目、团购、网约车和共享单车等。通过将传统的线下产品与线上相结合，便能创造出巨大的市场和需求空间。

在培养创造力的初期阶段，**不用刻意去追求发明一件全新的东西，只要培养出勤于思考的习惯即可**。

比如你去吃饭，可以观察饭店里有哪些地方可以改进；你去买衣服，可以观察顾客的需求和店员的需求与以前相比有什么变化；你走在路上，可以看看哪些广告是在白白浪费钱……

等到思考已经变成了下意识的习惯时，你的创造力自然而然就提升了。这样，无论行业如何发展变化，你都能具备高价值的核心竞争力。

12 关注自己

锦囊 098：关注当下的自己，成为自己想成为的自己

问　题：事业发展得越来越好，我却为何越来越焦虑？

王一九：关注当下的自己，成为自己想成为的自己

有些人只关心未来，脑海中一直幻想着功成名就后住在面朝大海的别墅里的景象。而另一些人总是回忆过去，回忆自己儿时的艰辛，以及曾经伤害过自己的人。

很多人的心不是在未来，就是在过去，总之就是不在当下。如果一个人一直处于身心分离、灵魂出窍的状态，不焦虑才怪。

关注自己，就是只关注内在的自我，与财富、事业等无关的自我。

比如，在太阳下散步，感受阳光照在身上的感觉；在海边观海，感受大海的宽阔，聆听海浪的声音；打坐放空自己，把忙乱的心收一收……这些都是关注自己。

关注自己，不是不去做事业，恰恰相反，只有更多地关注自己，才能有更多的力量，去做更多正确的事情，才能成为更好的自己。

那么如何关注自己呢？有以下三种方法。

1. 静坐

每天预留30分钟给自己，做什么呢？

什么都不做，感受一下自己的身体。我选择的是正坐，即跪坐，是儒家的一种修身方法，坐下来感受一下自己的身体。当你正坐的时候，你会腿疼，那就感受一下，用自己的意识，调整自己的身体，让自己的身体放松、安静。

所以《大学》中讲："知止而后有定，定而后能静，静而后能安，安而后能虑，虑而后能得。"你看，只有静下来，才能思考清楚，才能有所收获。如果你一直外放，你的心回不到自己的身体，就会非常焦虑。

2. 宽恕

坐下来，用5分钟的时间，宽恕别人的过错，宽恕事情的不成功、不顺利。

跟自己说，别人犯错而不自知，已经很可怜了，宽恕他吧！自己已经很努力了，还没有获得理想的结果，本身就已经很伤心，宽恕自己吧！

宽恕，最重要的是宽恕自己。把自己的过失、内疚、不勇敢、欲望和痛苦的画面在眼前调出来，盯住那个画面，然后跟自己说，宽恕自己吧！只有宽恕了自己，才能修复自身的能量，才能有能力让自己修炼得更好。

3. 运动

不要一直忙于事业，事业是永远也忙不完的。我是每周约2

次私教去健身，在健身的时候，教练会告诉你手臂发力、肩膀发力、腹部发力…… 你会慢慢感受自己的身体。我每天都要做一些日常的运动，如“开合跳100”“深蹲50”，有时会多做几次。

人只活在当下，你不会活在过去，也不会活在未来，所以关注当下的自己，才能成为自己想成为的自己！

| 第五部分 |

价值变现

01 启动

锦囊 099：不是想好了再做，而是做了才慢慢想好了

问　题：总想去做点什么事情，但总觉得自己还没想好。为什么有的人却能够快速启动项目，做出自己的事业？

王一九：不是想好了再做，而是做了才慢慢想好了

很多人觉得，一件事情只有完全想清楚了、准备好了，才能开始去做。

但事实上，如果不开始，就永远无法真正想清楚。

因为走第1步的时候，是看不到第10步的。大多数人走到第8步，才能看到第10步。

比如，你走出第1步：写了一篇微信文案来推广你的产品。第10天，你发现了对自己的产品真正感兴趣的是哪些人，他们的诉求是什么。

第2步：过了10天乃至半月，你成交了第1单生意。你很兴奋，有了信心，也更加了解客户的需求。

第3步：你进而调整了写微信文案的方法，提高了成交率。

这个时候，成交量达到了10单。

第4步：你发现朋友圈的文案只能写50个字，于是你又写了500字的推广文章。结果发现，这样更能打动客户。之后，吸引来100个客户。

第5步：此时，你的梦想被放大，信心大增，你开始计划1年成交1000个客户。

第6步：又过了3个月，你发现有人想代理你的产品，1个代理商就能卖1000份，于是你的梦想再次被放大。

……

如果你不走出第1步，就永远不知道如何调整思路。

很多人认为是行动让自己获得了成功，其实行动的显著意义是获得反馈。成功的创业者，都是找准定位后立即行动，让行动去修正方法。

所以，你找准自己的方向，走出第1步吧！

锦囊100：只有启动，资源才会向你汇聚

问　题：你要开启一份事业，身边的人脉资源不足，你是否会因担心资源不足而不敢开始，如何做到冷启动自己的事业？

王一九：只有启动，资源才会向你汇聚

2020年10月，和一个老朋友聊天，他原来在世界500强公司做技术，离职后想要自己做点事情。

但是因为没有任何资源，自己又是“技术男”，直到今年2月，项目仍然没有启动。

我问：“4个月的时间都过去了，怎么还没有启动？”

朋友回答说：“还没有积累到资源，只好再等等了。”

你是否也有这样的经历？很想做一件事情，却总是觉得钱不够、资源不够，而迟迟不敢开始。总认为，等有了钱、有了资源才能启动。

但事实是：

事业不是有了资源才能开始，而是只有开始了，才会有资源。

2010年，我想开家淘宝店，可发现没有资源、经验，开店太难了。于是想着积累积累，再开店吧。结果之后两年时间过去了，淘宝店还是没有开起来。

又过了几年，我下定决心辞职创业。其实当时资源也很有限，但还是坚定信心去做了。结果，原本以为很难的事情，做着做着也就发现不难了。

我真正明白了，只要去做，再难的问题也总会有办法解决。而且当你坚定信心开始做的时候，资源也会逐渐向你聚拢，而且会越来越多。

现在，我只要想到什么事情，就马上开始做，先做了再说，感觉特别好。

在看电影《大唐玄奘》的时候，我深受感动。玄奘从长安出发的时候，孤身一人，没有马，也没有车。只背着一个包裹，怀着一个求取真经的梦想。

一路上，玄奘遇到了很多人，获得了很多帮助。最终，历时18年，行程五万多公里，到达了印度。

但绝大多数人，迟迟不敢迈出第一步。

其实，他们缺的不是资源和经验，而是敢于突破的心。

一件事情只要定好了方向，即使细节还没有想好，也要马上开始去做。这样在做的过程中，细节会不断调整到最优，也会发现更多、更好的方法。

所以不是等到资源全具备了才去做，而是去做了才能汇聚资源，去做了才能发现不足，才能及时调整。

你想要的资源，这个世界早为你准备好了，就在那里，等你启动！

锦囊101：启动一份事业，先从内心开始

问　题：打造个人品牌，如何找到第1个付费用户？

王一九：启动一份事业，先从内心开始

一个学员说，他一直想做线上课程，为此学习和准备了几年时间，但一直都没有启动。我问原因，他回答说，因为他觉得自己还没有准备好。

其实，在我看来，他并非没有准备好，而是进入了一个误区。

很多人的技能都非常好，但他们又永远觉得自己的技能还不

够好。因为他们觉得市面上有很多厉害的竞争对手，所以迟迟不敢启动自己的事业。

我用一句话点醒了这个学员：

你是要把东西卖给需要的客户，又不是要把东西卖给竞争对手。

而且，这个世界上每个人的需求是不同的，不同技能水准的人有不同技能需求的客户。

当你走出上面的误区之后，还要明白一点：

启动一份事业，首先要从内心开始。

如果你从内心中，就确信自己所做的事情能够帮助到别人，那么客户也会看到你的信心，才会愿意付费给你。

相反，如果你自己都没有信心，又如何让客户相信你？

很多人无法顺利启动事业的一个重要的原因，就在于此。

锦囊 102：没有规划的启动，就是乱动

问　题：为什么有的人刚一启动个人品牌，就会有客户，而且源源不断。而有的人启动了半年，还是没有任何进展？

王一九：没有规划的启动，就是乱动

前文中我们说过，不要完全想好了再启动，不要等到资源都具备了才启动，那为什么又说没有规划的启动就是乱动呢？

这并不矛盾，规划是有个大致的方向，有个定位，你知道自

己应该去哪里，知道自己的大致目标是什么，但是没有必要等所有的条件都具备、所有的资源都汇聚起来。

没有目标和方向的启动，就是乱动。

我有个学员，做知识付费很久，但是一直规划不明确。今天要做文案导师，明天又要做私域流量，没有找到自己的定位，那么就是在耗费心力。

如何去规划呢？

1. 从战略上布局，精准定位。

2. 从体系上布局，优化设计。

知道自己用哪些产品去开拓市场，知道流程应该怎么布局。

……

规划，是战略；引流，是技能。

没有战略，单纯引流，是无法做好启动的，那么势必会影响之后的发展。所以，要想启动效果好，带给后续更好的发展，一定要做好启动前的规划。

02 变现

锦囊 103：九大途径，实现个人品牌变现

问　题：个人品牌变现有哪些途径？

王一九：九大途径，实现个人品牌变现

第一个途径：知识付费变现

2018年，我开始在知识付费平台上开设课程。其中，文案课程《每天30分钟学写方案，你也可以成为年入百万的方案高手》签约了40多家平台，购买总人数达到了13万。

目前，知识付费平台有上百家。大型的知识付费平台有得到、喜马拉雅、蜻蜓FM、网易公开课、网易云课堂、千聊、荔枝微课和微课星球等。对于这些平台，你都可以选择入驻。

第二个途径：线上课程变现

2018年年底，我创建了线上课程社群“个人品牌变现训练营”，学期为25天。初期收费2000元/人，后期涨价到3999元/人，已开办了多期。

训练营里的很多学员也创建了自己的线上课程社群，规模最大的有上千人。

第三个途径：咨询变现

每个行业都可以提供咨询服务，比如个人品牌咨询、商业模式咨询、穿衣搭配咨询、文案写作咨询、PPT制作咨询、社群营销咨询、创业咨询和职业发展咨询等。近年来，咨询服务行业一直在高速发展。

“一九个人品牌私董会”就是采用1对1的方式，为客户提供个人品牌打造的深度咨询。目前是15万元/人，每期都会涨价。

第四个途径：广告变现

通过自媒体平台，如自己的微博、公众号和抖音账号等，选择合适的广告主进行合作。但需要注意的是，一定要选择适合的广告内容，不要为了变现而伤害自己的品牌形象、口碑。

第五个途径：实物产品变现

同样地，通过自媒体平台，还可以销售与自己业务相关的实物产品。

第六个途径：影响力变现

当具备一定的个人品牌影响力之后，影响力也会为你带来很多变现的机会。

第七个途径：主题/行业社群变现

我有一个朋友是做投资的，他在股权投资、合伙人股权分配和员工股权激励等方面非常专业，于是创建了一个创业社群，里面都是各行各业的创业者，每月不定期聚会，相互学习。如果想进入这个社群，需要缴纳1万元/人的年费。

第八个途径：加盟变现

当你的个人品牌颇具影响力后，可以开放加盟。

第九个途径：股权变现

同样地，除了开放加盟之外，还可以进行融资及转让股权。

锦囊 104：变现的最大的障碍，其实是你的心理障碍

问　题：有了多少粉丝，就可以开始变现？粉丝变现的障碍是什么？

王一九：变现的最大的障碍，其实是你的心理障碍

做了四年个人品牌咨询，其实：

一半是在做个人品牌咨询，另一半是在做心理咨询。

为什么这么说呢？

比如，有个学员说："我才有3000多个粉丝，怎么可能变现？"

可是，你知道吗？有人只有100个粉丝，一年却可以变现200多万元。

有个学员说："我的技能还不够好，同行有很多厉害的人，我竞争不过他们。"

难道你的技能，是要卖给同行吗？**你要服务的是同行之外的人**。

同行之外的人有多少呢？中国至少有13.8亿人，够用吗？

有个学员说："总感觉不好意思提钱，不敢开口卖产品。"

不敢卖，那你就是"耍流氓"。

因为不赚钱的创业者，就是"耍流氓"。

有个学员说："其实，我是想帮助别人、做有意义的事情，不是为了赚钱。"

听到这话，我就烦了。

记住：凡是跟你这样说的人，直接可以判断，他还没有赚到钱，而且什么有意义的事情都没干成。

不敢突破自己；

担心自己太差；

担心对手太强；

担心条件不足；

总是畅谈理想；

总是不谈钱，只谈意义；

还没走出第一步，就畅谈IPO；

还没拿起，就开始畅谈放下；

……

这些都是创业者的"心理疾病"，得治！

所以，你问我要多少粉丝才可以变现，**我的回答是：多少都可以**。

哪怕你现在的朋友圈只有10个人，也可以开始。

甚至，你去参加一个饭局，连同你在内才3个人，你也可以谈谈自己的产品，或许他们就购买了。

如果非要说一个数字，我觉得朋友圈里有1000人，就赶紧开始吧！

如果没有1000人，就去混混微信群，要不了十天半个月就能达到1000人了。

03 产品

锦囊105：MVP测试，帮你创业少走弯路

问　题：如何判断自己产品的市场需求？如何判断预测的用户群是不是精准？

王一九：MVP测试，帮你创业少走弯路

MVP是指最简化可实行产品，意思就是先做出最简单的产品，然后进行销售测试。根据测试结果，进行产品调整。

MVP与市场调研是两回事。MVP是销售测试，而市场调研只是意向询问。

比如，你打算做手工牛皮包类的产品，计划单价1000元。你问了10个人，估计有9位都会说“挺好的，加油”“价格也不贵”之类让你备受鼓舞的话。可是，等你做出来后，9个人里面可能只有2个人会买。

这是为什么呢？

因为大家的回答要么是客气话或是为了鼓励你，要么是对牛皮包感兴趣，但并没有购买的打算；还有的是出于面子的原因：如果说你的定价太高了，会显得自己太过寒酸。

所以，往往调研的时候，形势一片大好，实际销售的时候，却成绩惨淡。

现在，换一种方法，使用MVP测试。

你可以先做出一个样品，然后告诉大家："正式的产品售价1000元，现在可以7折预订。"

然后你收到的产品测试反馈，才是真实、有效的。

那么如何找到精准的客户呢？

同样地，可以使用MVP测试。能够付款预订的客户，就是你的精准客户。你可以更大范围地去测试，这样结果会更加准确。

如果你打算创业或现在正在创业，要推出新的产品，建议你可以采用MVP来进行产品测试和市场判断。这样就能够以更低的成本，获得更准确的反馈，帮助你更好地进行产品和销售策略的调整，从而降低创业风险，提高成功的概率。

04 课程

锦囊 106：开发课程前，先想清楚你要“做什么”

问　题：网上有很多的线上课程，如何选择学习？如果自己做课程，又怎样找到自己的特色？

王一九：开发课程前，先想清楚你要“做什么”

不管是学习课程，还是自己做课程，首先要搞清楚的是你到底要做什么。

也就是你的定位。你希望通过学习课程，掌握或提升什么能力？否则大量的时间，就会被各种课程所占据、消耗掉。

很多课程都讲得很好，但你目前真的需要这些课程吗？如果你的定位不清晰、方向不明确，就急于奔跑，往往方向都反了，哪怕只是偏离了一点，对你而言都是巨大的消耗。

我常常讲，个人的定位和企业的战略方向是一样重要的，会决定你未来的成绩。

所以，你可以好好考虑一下，自己的定位究竟是什么、未来3~5年的发展规划是什么样的，最后再根据你自己的定位和规划，来选择要学习的课程。

在课程的选择上，有以下几点具体建议：

1.先确定自己的定位，好好规划一下未来的发展。

2.选择具体应用的课程，非相关的课程均不选择。

3.选择有成功经验的老师的课程。如果他从来都没有这方面的实际经验，那么这个课程极大可能地会误导你。

假如你要做自己的课程：

1.围绕你的定位做课程。

宁愿做小课程，也不要做大命题的课程。比如，《企业如何打造品牌》就不如《企业如何做好线上微信营销》。

更好的方法是，再细分。比如，《企业CEO如何打造线上课程》。越具体的课程，越有杀伤力，也越能够讲明白、讲好内容，口碑也就会越好。

2.做课程，要懂得线上课程的逻辑。

线上讲课和线下讲课的逻辑是完全不同的。不能按照线下的经验来开发线上课程。

3.做线上课程，要提前思考清楚“营销流程”。

课程如何运营、推广？这个问题想不清楚，即使做出了课程，也很难销售出去。

锦囊107：选好课程内容点，提升10倍销量

问　题：现在，越来越多的技能人和公司想做线上课程。那么如何找到自己做线上课程的切入点，也就是如何策划课程的内容点，迈出第一步？

王一九：选好课程内容点，提升10倍销量

提升10倍销量，一点都不夸张，甚至会更高。

看到有很多人开始做线上课程，我想把自己过去入过的坑都告诉你。

2017年年底，我开始做线上课程。不到两年时间，直播间人气突破1000万，一个课程全网有十几万人订阅。2019年，还帮助几位大咖做课程。

但是，但是，但是！刚开始的整整半年时间，我做的课程的购买人数都没有超过500人。

最初，我以为做品牌营销课程，一定会大受欢迎。因为中国有太多的营销人，而且营销咨询是我的专业，我做了十几年的品牌营销咨询，也在中国顶尖的咨询公司做到了咨询总监的位置。我以为自己的课程肯定会大受欢迎，遗憾的是，购买的人非常少。

你一定会觉得奇怪，当时我也觉得奇怪。

其实，就是课程的内容点没有选好。

算算账就知道了。

一般100人规模的公司，做营销策略的也就三五个人，不到

5%。而且，这还是一二线城市的情况，对于三四五线城市的公司来说，对营销策略根本就不关心，这更不是刚需。

但无论是一二线城市，还是三四五线城市，100人规模的公司，销售岗位的员工一般至少会有30人。而对于以销售为业务导向的公司，可能有80个人都是在做销售。

所以，单看受众人群的数量，销售课程的销量就是营销课程销量的几十倍以上。

那好吧，既然明白了这一点，我就开发了写方案的课程《每天30分钟学写方案，你也可以成为年入百万的方案高手》。

你可能会问，为什么是写方案的课程，而不是销售课程？需要写方案的人难道比做销售的人还多吗？

是的，虽然做销售的人很多，但需要写方案的人更多。你想想，不管是营销岗位，还是销售岗位，是不是都需要写方案？不管是普通员工，还是管理层，是不是也都需要写方案？

可以说，几乎任何一个岗位的人，都需要写方案。但实际上，大多数人写方案的能力并不强。明明想法很好，执行力也很强，却无法在方案上展现出来。这就是非常大的痛点，更是非常大的需求！

而且，更为关键的是，写方案是作为资深品牌营销人的我最擅长的技能之一。

所以，课程的内容点选好了，目标群体一下子扩大了10倍，甚至是100倍。

最后，这个写方案的课程，受到网易、喜马拉雅和蜻蜓FM等40多家平台邀请签约。

很多人在选择课程的内容点时，往往会陷入一个误区：

自己从事什么专业，就做什么专业的课程。

你可能会问，难道不是应该选择自己的专业技能来做课程吗？

选择专业的技能没有错，但更重要的是，我们既要考虑市场需求，也要选择市场需求更大的内容点。

即**专业的技能＋广阔的市场＝高销量课程**。

如果你是一位资深财务，辛辛苦苦开发了一个课程《中小企业如何做财务管理》。你用了一个月的时间精心打磨内容，写推文，做海报设计，一遍又一遍地录音。你觉得自己讲得非常专业，干货满满，用户只花99元就能学到这么好的课程，真的是太超值了……你甚至把自己都感动哭了，这能帮助到多少老板做好财务管理、能帮助到多少财务人员快速提升专业能力呀！

但是后来，你被少得可怜的销量气哭了！

你或许会想，这都是他们不识货，或因为自己不懂得推广，所以才卖得这么少。

实际上，课程的内容点选不好，无论怎样推广，结果都不会太好。因为受众有限，需要这个课程的人本身就很少，而且其中99.99%的人可能都无法看到你的课程。由于课程销量不高，那么曝光的概率就会越来越低，没多久，就会被海量的课程淹没了。

但是，如果你开发了一个课程《高级财务总监教你：如何管好家庭账，帮你年省3万元》，你的目标受众就是每一个家庭。

第2个课程的受众，比第1个课程多了不止千倍吧！

而且，还有一个会让你想哭的原因是，第2个课程的开发难度，仅仅是第1个课程的十分之一。

再举个例子。一个拥有十年经验的人力资源总监，对招聘、面试、薪酬和考核都十分精通，开发了一个课程《如何成为高级人力资源师》；另一个只有三年工作经验的人力资源经理，开发了一个课程《如何修改简历，让你的跳槽工资涨50%》，哪个销量会更多呢？

毫无疑问，是简历课程。并且与前面的例子一样，简历课程会比人力资源课程的受众多不止千倍，而且开发起来更加简单、轻松。

那么，是不是只要选好课程的内容点，就万事大吉了？

NO，NO，NO。选好课程的内容点，你只是完成了打造高销量课程30%的工作。剩下的70%的工作，是课程的名称、文案和推广。

我们在这里，重点说一下课程名称。如果你是一个美容师或美容店老板，你开发了一个课程《10年资深美容师，教你如何在家做美容》。你可能觉得这个课程的需求量很大，内容点选得很好吧？

确实，这个课程可能比财务课程和人力资源课程销量好一些，但是在课程的名称这里，还需要再好好优化。

比如，我们可以把课程名称优化为《10年美容师的居家皮肤管理术：每天5分钟，皮肤10年不松弛》，是不是课程的亮点更足、更吸引人了？

我们来分析一下这个课程名称的亮点：

1.“10年美容师”，体现了课程主讲人的专业度。皮肤管理是一件非常专业的事情，“10年”强调了主讲人的专业性与经验的丰富度。第一眼打消用户对“专业性”“安全性”的担忧。

2.“每天5分钟”，告诉用户课程所教授的方法使用起来非常简单，而且侧面说明了方法易学。对于非专业人士来说，只有简单、易学的东西，才能引起其关注和兴趣。

3.“皮肤10年不松弛”，既是学习课程后可以获得的效果，又是一种“刺激”——让用户联想到如果不学习皮肤管理的后果。与得到好处相比，人们更愿意避免痛苦。皮肤松弛对女生来说，就是“五星级”的痛苦。

当然，课程名称里的亮点，一定要有所依据，不能为了吸引人而刻意夸大。

除了优化课程名称，挖掘能够打动用户的点之外，还需要懂得消费者的心理，写出有效的文案，以及做好课程的运营和推广工作，在这里就不赘述了。

上面分析的是在平台做课程，如果你用自己的私有流量做课程，又是另外一种做法，你可以选择高价课程，高质量的、精细的服务。

锦囊108：开发线上训练营，要做好以下四步

问　题：我是一名瑜伽老师，明年想开线上瘦身训练营，要怎么做才能吸引别人来报名？如何定价会比较合理？

王一九：开发线上训练营，要做好以下四步

首先是做好产品。

产品是一切的前提，也是训练营能否取得成功的根本。

而且，不仅要把“训练营”这个产品的内容做好，还要有力地展现出产品的特点、优势，以及你的个人资历、学员将获得的好处等，才能吸引学员报名。

其次是做好推广。

如果你现在没有足够的粉丝，又没有公众号等自媒体账号，就从最基础的微信朋友圈做起。

我有个学员王萍，是红星美凯龙的董事长助理，她有非常专业的家居营销经验。

她开设的第一期家居经销商训练营，售价1.98万元/人，一天就招募了50人。

再次是做好运营。

运营做得好坏是训练营能否取得成功的关键，也是你做训练营的价值所在。不管第一期招了多少人，你都要花心思做好运营，跟进每个学员的学习，确保学员们能够达到训练的目的。如果你做减肥瑜伽，就一定要让她们健康地瘦下来；如果你做塑形瑜伽，就一定要体现出效果。

最后是勇于开始。

离成功最近的词是什么？是开始。

前期不要怕学员少，哪怕只有一个学员，只要你认真地运营，学员数量一定会逐步增加。

05 销售

锦囊 109：学会案例场景再现，快速打消客户疑虑

问　题：在成交的过程中，客户产生了疑问，如何回答才能迅速打消客户的疑虑？

王一九：学会案例场景再现，快速打消客户疑虑

往往在成交过程中，只要有一个疑问卡住没有得到解决，客户就会放弃下单。即使前期付出了99%的努力，最后结果还是零。

比如，你是一名微商美容业老板，销售面膜，客户问："是纯天然的吗？"

这个问题看似轻描淡写，其实是客户非常担忧产品的品质，毕竟是用在脸上的东西，所以客户对这一点是最为关注的。

如果解决不了客户的这个疑虑，即使你前期已经沟通完成了99%的内容，最终还是不会成交。

假如你这样回答："绝对纯天然，不添加任何化学物品，采用的都是进口原料，而且都是经过检测的……"

客户听到这样的回答，一般会半信半疑，100个客户里最终

成交的可能只有10个人。因为这样的表述会有两个致命弱点：

1.“绝对化”，客户的第一反应就是会怀疑其真实性。

2.你并不是科学家，你也不会检测，客户只会认为，你只是照搬厂家提供的产品说明。

如何才能做到100个客户里成交90个呢？

这就要使用案例场景再现法。

你可以这样说：“最初代理这个面膜，就有很多人提出过这个问题。我是代理商，我也很担心这个问题。所以我就找到了我的一个医生朋友，他叫王××，在深圳的××医院工作，我请他用医院的设备做了检测，确实没有问题，我还拍了化验单的照片，可以发给你看……我销售这款面膜已经有1年时间了，客户有3000多人，到目前还从未有任何人反映过产品问题……”

大部分人对逻辑描述感知不强烈，但是对故事记忆深刻。

故事化的案例场景，100个人里有99个人能听懂。客户在听的过程中，眼前就会呈现出你所描述的场景，客户会有置身其中的感觉。

但是逻辑分析100个人里可能只有10个人能听懂。所以好莱坞电影大卖，而科普电影就很少有人愿意花钱去看。

但是你可能会问，我也讲了客户案例，为什么客户还是不相信呢？

因为客户害怕你编故事。所以你不仅要把当时的场景再现出来，而且讲的故事要有名有姓，才能彻底打消客户的疑虑。

不过，我要提醒你的是，**你说的必须是真的故事**，而不是编造出来的故事。

06 服务

锦囊 110：做好服务，比引流重要 100 倍

问　题：有的人“疯狂引流”，却忽视了服务。你如何看待？

王一九：做好服务，比引流重要100倍

为什么有很多人总想着疯狂引流呢？

这是因为他们只站在自己的角度去考虑问题——引流能够立即变现。**而做好服务，则是站在客户的角度**。**这需要付出更多的精力**。

只考虑变现，是非常短视的行为。这样只能做一时，而做不了一世。

说到“站在客户的角度”，这里举一个我写“每日一问”的例子。

有天早上，我和我爱人探讨了当天的“每日一问”的题目——如何理解“按天道做事”？

我有些担心，题目这么写，会不会有很多人不能理解。她也觉得是这样，虽然题目很好，但确实很多“小白”（职场新人）不

太能理解。

随后，我把题目修改成了："如何理解'按规律做事'？"

因为我觉得"规律"这个词，比"天道""道""大道"更容易理解。可是，我又担心有些人无法理解"按规律做事"的意义。如果是这样，他就不会思考这个问题，所以我又加了"才能积小成大"，把题目改成了："如何理解'按规律做事，才能积小成大'？"

我又想了想，"积小成大"四个字，无法刺激读者的神经，那么还是无法有效引起读者的思考。最终，我又把"才能积小成大"改成了"就能把小事情做成大事业"。

这个题目，我改了三次。每次都是站在读者的角度来考虑问题。如何能够让读者看明白？又如何能够打动读者？

当然，最终的目的是引起读者的思考。自始至终，都是站在帮助读者提升思维、能力的角度来考虑问题。

所以只有做好服务，才能获得客户的信任。

只有做好服务，才能积累出口碑。

只有做好服务，才能获得越来越多的客户。

只有做好服务，才能获得长久、持续的发展。

所以，请以服务好客户为发展的目标和宗旨。

07 推广

锦囊 111：不同阶段，用不同的推广方式

问　题：打造个人品牌的推广方式和渠道有哪些？

王一九：不同阶段，用不同的推广方式

因为每个人的具体情况不同，所以个人品牌的推广方式也不尽相同。

但大致可以分为以下四个阶段。

1. 初级阶段

粉丝数量：1000人。

推广工具：个人微信号（微信群、朋友圈）。

这种方式看起来简单，其实真正能做好的人并不多。如果你仔细研究，就会发现其中大有文章。

当你还没有1000个粉丝的时候，最适合通过个人微信号开始打造个人品牌，**这1000人不是通讯录里的人数，而是1000个认识你、认可你的人，当你发朋友圈时，愿意去看的人**。

假如认可你的1000人里，有10%的人愿意购买你的东西，每件价格100元，你每月就有1万元的副业销售收入。这是很多

人都能做到的。

2. 中级阶段

粉丝数量：1万人。

推广工具：个人微信号、微信公众号。

你可以每周写几篇文章，发在自己的公众号上。坚持去写，输出自己的价值。此阶段只要有1万粉丝，就是不错的开始。

积累到一定程度的时候，就会有很多同类的大号转载你的文章，以及向你约稿。这个时候，你的影响力就不只是局限在自己的公众号上了，而是开始向整个行业领域发展。

另外，有1万铁粉，比10万泛粉更重要。有1万铁粉，每月就能达到5万~10万元的收入，做得好可以年入百万。

3. 高级阶段

粉丝数量：10万+。

推广方式：全网布局。

制作自己的百度百科，在百家号、企鹅号和头条号等自媒体平台上，定期发布自己的观点文章或活动资讯。

只要别人去百度搜索你的名字，就能看到前几页都是你的内容。

如果时间精力允许，知乎、抖音等账号也可以运营起来。

4. 大咖阶段

粉丝数量：100万+。

推广方式：资源整合。

到了大咖阶段，最重要的事情就是资源整合。

我们先要做好初级阶段和中级阶段，之后的阶段自然而然地就会实现了。

锦囊 112：个人品牌传播的不仅仅是知识

问　题：朋友圈发哪些方面的内容，会有利于提升你的个人品牌，促进你的客户成交？

王一九：个人品牌传播的不仅仅是知识

有一次和朋友聊天，她说经常看我的朋友圈，能学到很多知识。但相比而言，她还是更喜欢看到一些我参加活动、外出旅游和去图书馆等生活化的照片。

所以打造个人品牌，不仅是要向外界传播自己的知识内容，还有自己的生活状态。

个人品牌就是你给外界的整体印象，是**定位+知识+生活状态**，这三者是个人品牌的一个综合性展示。

客户愿意和你做生意：

有可能是因为你的产品好，而和你成交。

有可能是因为想要获得你身边的资源，而和你成交。

有可能是因为想了解你读的书，而和你成交。

有可能是因为想要认识你身边的朋友，而和你成交。

但更多的是因为客户相信你，想过上和你一样的生活，而和你成交。

所以你的朋友圈应该是多维度的，把自己的生活展示出来。要想进入别人的心中，最好的办法就是敞开自己的心扉。

锦囊113：用好互联网工具，放大百倍影响力

问　题：如果要做一场活动，如何利用免费的宣传资源，扩大活动的影响力？

王一九：用好互联网工具，放大百倍影响力

昨天，我有个朋友举办了一场发布会。从一开始到活动结束，都没有发过一条朋友圈，我也没有看到他发视频号和新闻。

这就是巨大的资源浪费。

如此一来，这场发布会所能影响的范围，仅仅是到场的五六十人而已。

如果能用好微信朋友圈、社群、公众号、头条号、视频号和抖音等平台，那么产生的影响力，可以辐射到5万人，甚至是50万人。

例如：请每个与会的嘉宾，发一条朋友圈。

50位与会嘉宾，平均每人有3000个好友，50 × 3000就是15万人。假设只有三分之一的人能看到，也有5万人。

如果引导大家分别在活动前、活动中和活动结束时，发布3条朋友圈呢？辐射的人群就超过了10万人。

如果这场发布会的信息和精彩内容，在公司官方的头条号、视频号、公众号和抖音上发布，并且发动公司员工、亲友在各自的朋友圈、抖音上发布，又会辐射到多少人呢？

如果内容做得非常吸引人，又会产生多大的影响力呢？阅读

量、播放量达到上百万人次，也不是没有可能的。

想一想，你过去浪费了多少资源？

锦囊114：输出优质内容，是最好的推广方式

问　题：刚刚开始打造个人品牌，但没有资金去做推广，应该如何宣传自己呢？

王一九：输出优质内容，是最好的推广方式

头条号、知乎、抖音和快手等很多平台，都在大力扶持优秀的内容生产者。由此可见，优质内容还是稀缺的。所以输出优质内容，就是最好的推广方式。

只要你能生产出优质的内容，哪怕没有投一分钱广告，依然会吸引来大量的粉丝。当然这个过程需要一步步积累。

对于内容输出，我的建议是遵循“1+1+1”原则。

1个适合的定位。千万别东张西望，摇摆不定。今天做这个，明天又做那个，最后只能是什么也没有积累下来。

1个适合的平台。以一个平台为核心，其他平台作为辅助。别贪多，哪个平台都想重点去做，结果只能是哪个平台都做不好。

1个输出的习惯。就是坚持。不要求快，踏踏实实、认认真真地做好内容，时间会回报你的付出。只要方向对、内容好，坚持3个月就会见效，坚持6个月就会有收益，坚持3年的结果就会让你意想不到。

坚持输出优质内容，对普通人来说，既是最好也是最快的推广方式。所以请记住这句话：

不要高估1年的努力，也不要低估3年的坚持。

08 长期主义

锦囊 115：找到擅长并喜欢的事情，贯彻“长期主义”

问　题：业余时间炒股，擅长给小朋友讲绘本，希望打造跟幼儿教育相关的个人品牌，请给些建议。

王一九：找到擅长并喜欢的事情，贯彻“长期主义”

所有成功打造个人品牌的人，都是在一个擅长且自己喜欢的领域里长期扎根去做。

你擅长讲绘本，这本身就是一个很好的领域，在教育行业是一个非常细分的板块，潜力也很大。

我曾经邀请过一位中国台湾的育儿博士做交流分享，他就是喜欢用自己的绘本故事书以讲故事的方式教育孩子。

他坚持在教育行业很多年，所以开发了自己的独家课程，在中国台湾很出名。

如果没有非常强的炒股理念，建议停止炒股。股市不是一个普通人能长期赚钱的领域，即使短期能赚点钱，也会随时面临巨大的风险。如果你想从绘本方面着手打造个人品牌，是个不错的选择。你可以尝试做几件事情：

1.给自己做个长期的规划，至少三年。

2.把市场上比较知名的绘本都买回去，好好地研究，然后讲给自己的孩子听。

3.当你给自己的孩子讲得比较成熟后，可以扩大范围，再讲给邻居的孩子听，看看他们的反馈。

4.找一些幼儿教育机构，给孩子们上课试试看。

5.慢慢形成自己的技能优势。

很多幼儿机构，特别缺乏老师，尤其是讲故事型的老师，未来你可以出版自己的绘本、可以开发自己的版权课程、可以在线上讲课。

最核心的一点是，坚持长期主义。

如果下定了决心，就专注于一件事情坚持去做，每个人都能成功打造个人品牌，开创出自己的事业。

09 管理

锦囊 116：上下同欲者胜

问　题：想让团队去做一件事情，但如果去具体解释并让团队成员都能理解，会花费大量的时间和精力。那么，还要不要向团队解释为什么要做这件事情？

王一九：上下同欲者胜

这是我前年和去年都遇到过的问题。

前年的做法是直接下达命令，我发现效果不理想。去年，我去仔细解释，又发现会耗费大量的时间，耽误自己做事情。尤其是好不容易沟通一致了，又有人离开了团队。

这个问题也困扰了我很久。

前天，我咨询了以前做人力资源总监的老同事，还有华为前行政总裁。他们都表示，团队的管理者需要花费时间和团队成员沟通。只有达成共识，才能激发团队的积极性。只有这样，团队里的每个人才会认为这是自己所做的决定，才会更愿意为自己的决定去努力。

同时，团队管理者做决策和安排时，积极与团队成员沟通、交流，也能培养整个团队一起思考的习惯，大家一起成长，才能更快、更好地形成一个学习成长型的团队。

咨询完之后，我想起了《孙子兵法》中的一句话：

“上下同欲者胜。”

孙武说，胜者有五，其中“一胜”就是上下同欲。大概的意思就是上下意愿一致、齐心协力，就能取胜。这部世界顶级的兵法书中，早在2500年前就写到了这一点。

当然，或许不同的团队在不同的阶段，有着不同的做法。但是对于一个年轻的团队，达成一致的行动意愿，让每个人都能够成长，是非常重要的。

另外，创业或打造个人品牌的过程中，你所遇到的99%的问题，别人早就遇到过，答案也早就有了。向身边的人请教，或加入一个高能群体，对解决问题非常重要。很多人花费数万元乃至数十万元加入一个圈子，很大一部分的原因，就是为了学习一些解决问题的方法。

锦囊117：“听话照做”，是最低级的策略

问　题：“听话照做”就能做出成绩吗？假如你带领团队，会让他们听话照做吗？

王一九：“听话照做”，是最低级的策略

很多团队的培训中都会讲道：“你只要‘听话照做’，就能成

功。”没错，我们过去确实看到有些企业让员工听话照做，然后产生了很好的业绩。

但请注意，听话照做是没有办法的办法，是最低级的策略。在移动互联网时代，人们对产品的要求越来越高，已经不是一套产品就能卖很多年，也不是一套方法就能用很多年了。如今需要随时根据用户的需求去迭代产品、迭代服务方式。

如果让员工听话照做，那么老板的高度就是企业发展的“天花板”。

只有让每个员工都主动去创造，才会有无限的想象空间。

听话照做的人，一旦遇到问题，就会不知所措，甚至会退缩、放弃。而那些战斗力强的团队，每个成员都知道自己为什么要做，大家都拥有同样的愿景与价值观，因此每个人都能发挥主观能动性，形成强大的合力，遇到问题积极解决，不断战胜困难，不断向前迈进。

所以带团队不是让成员“听话照做”，而是要发挥每个人的自主性和创造力。只有这样，每个人才能成长，团队才能更好、更快地发展。

我在做个人品牌咨询的时候，常常会让学员主动思考，然后我给出答案。明明几句话就能说明白，为什么要这么麻烦呢，为什么要消耗更多时间呢？我希望他们能养成独立思考的习惯，这样即使以后没有我的咨询，他们也能独立决策。

10 招聘

锦囊 118：招聘认可你的人，而不是能力更强的人

问　题：个人事业发展得越来越好，需要招聘助理。那么选择品德好的人，还是能力强的人？

王一九：招聘认可你的人，而不是能力更强的人

我最初创业的时候，认为能力强的人能够帮助公司快速发展。于是高薪招聘了能力很强的产品总监和运营总监，还给了他们公司期权。

他们提出了“不加班，不做一线工作，只管理下属”的要求。因为他们的工作能力很强，我便答应了。结果没过多久，他们就离开了公司，而且在工作上没有创造出任何价值。

因为创业公司平台小、困难多，前景难测。他们自然会心有疑虑，不能安心做事。这样一来，双方都会觉得“不合适”。

后来，我在面试的时候，**不再以“能力”为首要标准，而变成了以“认可”为首要标准**。

能力不强，可以培养。没有认可，能力再强也无法踏实工作，又何谈帮助公司发展呢？

因此，在面试中，70%的时间都是我在讲，讲自己成长的故事，讲自己的梦想，等于是让对方来“面试”我。

对方是否认可你和你要做的事业，这是最重要的一点。

而现在，如果我要招人，就会直接在自己的粉丝群里招聘。群里的人经常看我写的文章，经常和我互动，自然是非常了解我的。如果群里有人应聘，自然是非常认可我的价值观的人。大家一起共事，才能走得更稳、更远。

再举个案例。多年前，某家知名的传统企业专门招聘名校高才生。花了几个月时间，招了200多人。但是3个月后，只留下3个人。

这些毕业生心里并不是太认可企业，而是想去互联网公司发展。只是被高薪吸引，想先来试试看。结果不用说，没多久就离开了。企业为这3个月试用支付了近500万元的工资，还花费了几十万元的招聘成本，结果最后只招到了3个合适的人才。

后来，企业改变了招聘策略。他们讲企业文化，选择那些最认可企业的人。果然，招聘到了许多合适的人才，这些人才也逐渐成长为企业的骨干，企业也发展得越来越好。

最后，我们来分析一下为什么说创业公司招人，要招“认可你的人”。

品德好的人

品德是底线，但不是帮助企业发展的充分条件。

能力强的人

能力强的人如果还认可你和你的事业，那么对你来说真的是如虎添翼。否则，很容易变成：对方觉得没有用武之地，浪费了自己的时间；你觉得自己是花了高薪请他来的，他却不能给公司带来更多的收益，太亏了。最后闹得双方都不愉快。

资源多的人

资源多，并不代表能为你所用。即使愿意给你用，你也未必能用得上。

认可你的人

只有认可你的人，才会时时处处为你着想、为公司着想。因为对方与你有着共同的愿景和价值观。对方会全力以赴地工作，会毫无怨言地跟随你。而能力是培养出来的，一个能够认真、踏实、努力去工作的人，能力提升得自然也不会慢。

11 筛选客户

锦囊 119：筛选客户，让你的事业更轻松、更长久

问　题：为什么要筛选客户，而不是所有客户都努力促成合作呢？

王一九：筛选客户，让你的事业更轻松、更长久

有不少人做生意，是什么样的客户都接待，不愿意损失任何一个客户。夸张一点地说，只要给钱就愿意做。

因为是摆在眼前的钱，不收就肉痛，尤其是急需用钱的人。

但这样做生意，也许在前期可以多赚一点钱，但是很快就会让自己的生意直线下降。

我有一个做股权融资的学员，因为急于赚钱，什么项目都接。

在向我咨询的时候，他说："很多客户根本还没到股权融资的时候，但非要去做。我耗费了很大的精力来服务客户，结果还是不理想。"

我建议他："只做达到股权融资要求的客户，其他的客户就别接了。"

他说："如果这样的话，就会损失一半的客户。"

我说："拒绝不合适的客户，才会为你带来更多优质的客户。"

他又说："我现在特别缺钱，还是想先赚点钱。"

我告诉他："这样你会越做越难，最后花了很多精力，也挣不了太多的钱。"

结果，没过多久，他开始筛选客户了。不仅项目做得越来越轻松，而且收益远远高于之前了。

究其原因就是，那些不合适的项目，即使付出了数倍的精力，也很难获得理想的结果。如此一来，就会影响口碑，形成恶性循环。

通过筛选客户，你能够服务到更合适的优质客户，付出的努力会换来相应的成效，甚至成效会远远高于预期。工作也变得越来越轻松，有了更多时间去学习，能够更好地服务客户，从而口碑越来越好，优质客户越来越多，形成正向循环。

我做过15年的品牌营销咨询，原来在中国顶尖的营销咨询公司工作，咨询费是一年300万元，几乎不会降价。我记得最低的一次是签了275万元，客户还赠送了一些产品。

如果降价，公司就能签更多的客户，可是我为什么不降价呢？其原因如下：

1.降价后配备的团队水准就会下降，因此服务的水平也会下降，那么客户自然不会满意。

2.价格也是对客户的筛选。能够支付300万元咨询费的客户，本身具备一定的实力。那么我们就是与客户强强联合，这样更容易实现销售额的大幅提升。比如，有的企业销售额从几千万元提升到30亿元。这样更能突出我们的价值，客户也觉得太超值了。

如果客户的实力有限，即使是耗费了同样的时间来做咨询，但因为客户的资源有限，销售额的提升也就很有限。但是客户只会觉得是我们的问题，这样就会影响我们的口碑。虽然暂时多赚了一点钱，但从长远来看，太不合算了。

我做个人品牌咨询，费用是15万元/人。我会选择有优秀技能或有优秀项目的人，帮他们提升10倍甚至几百倍的收益，去年就有几个学员的收入增加了超过千万元。

尤其是要人品好，这样一个圈子也能相互赋能。

筛选客户还有一个好处，就是你不用把自己搞得急急忙忙、晕晕乎乎。你可以有更多的时间用来学习和思考，更深入地去研究自己的专业。此外，还可以去世界各地旅行、看看书、喝喝茶。只有保持好的状态，你才能发挥出更大的潜能。这也是一种良性循环。

那么如何筛选客户呢？

首先划分出A、B、C三种客户类型。

A类是理想客户。比如，客户的硬件基础比较好，双方合作能够实现更好的效果；价值观一致，理念相同或相近；双方沟通良好，客户能够真诚地听取意见；还有最重要的一点是，客户认可你的价值。这类客户即使能够支付的费用少一点，也仍然是优质客户。

B类是较为理想的客户，C类则是不合适的客户。

而后以A类客户为主，以B类客户为辅，原则上拒绝C类客户。

最后祝福你，打造价值千万的个人品牌，让自己的价值兑现。

欢迎关注公众号“王一九”。回复“手册”，即可免费领取《个人品牌手册》，并可以查看更多关于“个人品牌”的实战知识，以及众多轻创业案例。

在读完这本书之后，你可以添加我的微信个人号，发送验证信息“人人都能打造个人品牌”，交流读书心得。

王一九微信公众号　　王一九微信个人号